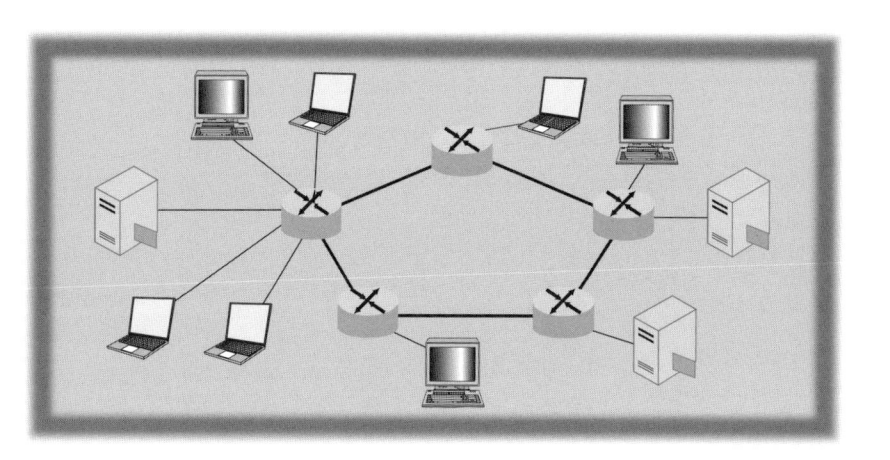

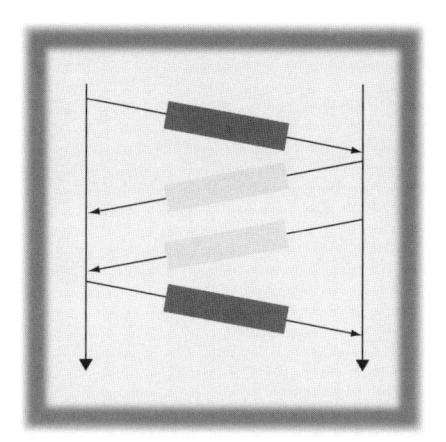

よくわかる
情報通信ネットワーク

山内雪路 著

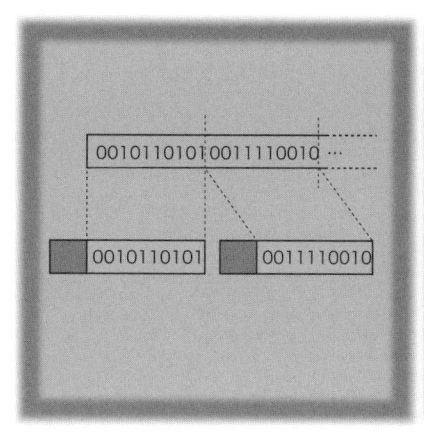

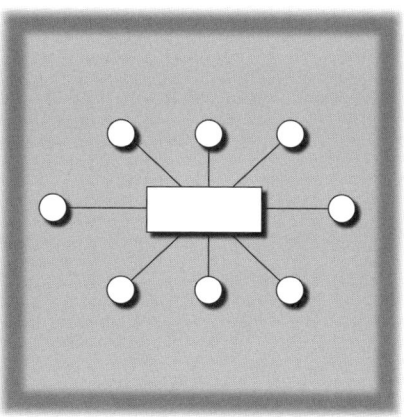

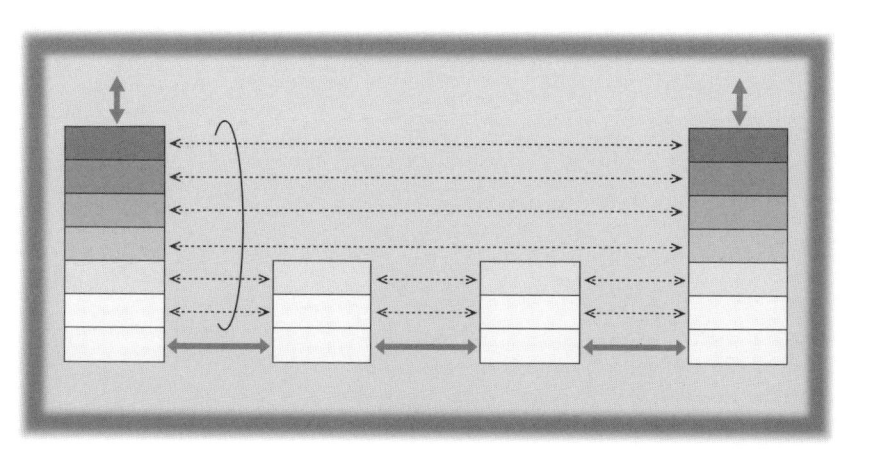

東京電機大学出版局

まえがき

　90年代に一般化したコンピュータネットワークの技術は，ブロードバンドネットワークの普及とともに爆発的な進化と普及を遂げています．今では社会インフラの一部として，市民生活になくてはならない存在に成長しました．

　ネットワーク技術とそれを活用したインターネットの進歩は，学校での学習方法にも大きな変化をもたらしています．インターネット以前の時代における学習は教科書や図書館の書籍・論文などが情報源で，必要な情報を探し当てるにも時間を要し，また限られた情報から全体像を把握するには相当な訓練と努力を要しました．しかし現代では，インターネットの検索サービスを駆使して必要な情報は瞬時に，労せずして入手できます．一方で，このことは学習の質にも大きな変化をもたらしています．授業で出されたレポート課題の正解が検索サービスで一瞬のうちに発見でき，理論を組み立てて考える余地が減って，画一的な考え方に陥るケースが増えてきました．

　そこで本書では，検索サービスが広く普及した現代に即した大学向け教科書を目指していくつかの試みを取り入れました．これは，検索サービスでただちに答えがわかるようなリファレンス的要素をできるだけ排除し，代わりに個々の技術が「なぜ必要なのか」，「なぜそのような仕組みか」，「他の選択肢は何か」など，エンジニアリングデザイン的な説明を心がけた点が第一に挙げられます．逆に，このような記述だけでは初心者にとって議論の焦点を見失うことが懸念されるため，議論の要点を箇条書き形式で随所に挿入しました．

　また，章末の調査課題についても工夫をしています．調査課題には，Web検索では簡単に答えが見つからない課題や正解がない課題を豊富にそろえ，クラスで議論する材料として使えるようにしました．本書は情報系学部学生の入門レベルとして執筆しましたが，調査課題については学部高学年の専門科目，または大学院レベルの授業にも対応できるようにしました．なお，調査課題の性格上，略解は掲載していません．

　情報技術のユーザとしてだけでなく，システム設計を担うエンジニアに期待されるデザイン能力を磨く道具として，本書が僅かでも参考になれば幸いです．

2010年8月
山内雪路

目　次

第1章　コンピュータネットワークの基礎知識 …… 1
- 1.1　ネットワークでつなぐ …… 1
- 1.2　回線交換とパケット交換 …… 2
- 1.3　パケット交換の利点 …… 4
- 1.4　ベストエフォート型ネットワーク …… 5
- 1.5　プロトコル …… 7
- 1.6　プロトコルのモジュール化 …… 8
- 調査課題 …… 10

第2章　OSI 参照モデル …… 11
- 2.1　プロトコルの標準化 …… 11
  - 2.1.1　デジュール スタンダード …… 11
  - 2.1.2　デファクト スタンダード …… 12
- 2.2　OSI 参照モデル …… 13
- 2.3　カプセル化 …… 15
- 2.4　各レイヤの役割 …… 16
  - 2.4.1　レイヤ1：物理層 …… 16
  - 2.4.2　レイヤ2：データリンク層 …… 17
  - 2.4.3　レイヤ3：ネットワーク層 …… 18
  - 2.4.4　レイヤ4：トランスポート層 …… 19
  - 2.4.5　レイヤ5：セッション層 …… 20
  - 2.4.6　レイヤ6：プレゼンテーション層 …… 20
  - 2.4.7　レイヤ7：アプリケーション層 …… 21
- 2.5　コネクションの概念 …… 22
  - 2.5.1　コネクション指向のプロトコル …… 23
  - 2.5.2　非コネクション型のプロトコル …… 23
- 調査課題 …… 24

第3章　データリンク層プロトコルの主要技術 …… 25
- 3.1　ネットワークトポロジ …… 25
- 3.2　CSMA とイーサネット …… 28
- 3.3　無線 LAN …… 32
- 3.4　トラフィックとスループット …… 35

3.5 高速化と長距離化の両立 ································· 37
3.6 フレーム形式 ································· 38
3.7 自動再送要求（ARQ） ································· 39
3.8 イーサネットと高信頼伝送 ································· 41
3.9 誤りの発見 ································· 42
3.10 誤りの自動訂正 ································· 45
3.11 PPP ································· 47
3.12 フレームリレー ································· 47
調査課題 ································· 48

第4章 ネットワーク層プロトコルの主要技術 ································· 49

4.1 中継と経路選択 ································· 49
 4.1.1 中継機能 ································· 49
 4.1.2 経路選択 ································· 51
 4.1.3 リピータ・ブリッジ・ルータ ································· 52
4.2 ホスト位置の記憶 ································· 52
4.3 ルーティングプロトコル ································· 54
4.4 ネットワーク層アドレス ································· 56
4.5 インターネットプロトコルとIPアドレス ································· 57
 4.5.1 非コネクション型通信 ································· 57
 4.5.2 IPアドレス ································· 58
 4.5.3 ネットワーク番号とホスト番号 ································· 59
 4.5.4 IPアドレスの表記方法 ································· 60
 4.5.5 ネットマスク ································· 60
 4.5.6 デフォルトゲートウェイ ································· 62
 4.5.7 特別なIPアドレス ································· 63
4.6 ネットワークの大きさ ································· 64
 4.6.1 クラス制のアドレス割り当て ································· 65
 4.6.2 クラス制アドレス割り当ての工夫 ································· 65
 4.6.3 クラス制の破綻とアドレス利用率の低下 ································· 66
4.7 CIDR ································· 66
 4.7.1 CIDR環境下でのアドレス利用率 ································· 67
 4.7.2 CIDRを採用するための変更点 ································· 67
 4.7.3 経路情報の集約 ································· 68
 4.7.4 経路集約に必要な作業 ································· 69
 4.7.5 CIDRを用いる問題点とその解決方法 ································· 70
 4.7.6 NAPT ································· 71
4.8 サブネット化 ································· 72

		4.8.1	サブネット化	72
		4.8.2	サブネット化の方法	73
	4.9	DHCP		74
	調査課題			76

第5章　トランスポート層プロトコルの主要技術 ... 77

5.1	トランスポート層プロトコルの目的		77
5.2	TCP		77
5.3	ポート番号		78
5.4	スライディングウィンドウと順序番号		80
5.5	輻輳制御とスロースタートアルゴリズム		81
5.6	コネクションの確立と解放		83
5.7	UDP		86
5.8	NAPT		88
調査課題			89

第6章　代表的なアプリケーション層プロトコル ... 91

6.1	クライアントサーバ型モデル		91
6.2	ピアツーピア型モデル		92
6.3	WWW		94
6.4	SMTP		97
6.5	FTP		100
6.6	DNS		101
	6.6.1	ホストの命名方式とHOSTS.TXT	102
	6.6.2	ドメイン名	103
	6.6.3	DNS	104
調査課題			109

第7章　セッション層・プレゼンテーション層概論 ... 111

7.1	セッション層機能の実現		111
	7.1.1	ユーザ認証	111
	7.1.2	履歴管理	113
	7.1.3	ダウンロードマネージャ	114
7.2	プレゼンテーション層技術の概要		115
	7.2.1	ネットワークバイトオーダ	115
	7.2.2	文字コード	116
	7.2.3	静止画・動画の伝送形式	116

　　　　7.2.4　データの意味を伝える言語 ……………………………………………… 117
　調査課題 …………………………………………………………………………………… 118

第8章　ネットワークデザインとセキュリティ ………………………………… 119

　8.1　3階層モデル ………………………………………………………………………… 119
　　　8.1.1　コア層 ……………………………………………………………………… 120
　　　8.1.2　ディストリビューション層 ……………………………………………… 120
　　　8.1.3　アクセス層 ………………………………………………………………… 121
　8.2　可用性の確保 ………………………………………………………………………… 122
　　　8.2.1　ネットワークの冗長化 …………………………………………………… 123
　　　8.2.2　サービスの冗長化 ………………………………………………………… 124
　　　8.2.3　サービスの大規模化 ……………………………………………………… 124
　　　8.2.4　バックアップ ……………………………………………………………… 126
　8.3　ネットワークセキュリティ ………………………………………………………… 127
　　　8.3.1　暗号技術概説 ……………………………………………………………… 127
　　　8.3.2　盗聴防止と認証 …………………………………………………………… 131
　　　8.3.3　ディジタル署名とPKI …………………………………………………… 132
　　　8.3.4　SSL ………………………………………………………………………… 133
　　　8.3.5　ファイアウォールの設置 ………………………………………………… 133
　8.4　リモートアクセス …………………………………………………………………… 135
　調査課題 …………………………………………………………………………………… 137

　索引 ………………………………………………………………………………………… 139

第1章 コンピュータネットワークの基礎知識

　インターネットや携帯電話の普及で情報通信ネットワークは私たちの生活になくてはならない道具となりました．また，社会の各種サービスがネットワークの存在を前提とするようになり，企業活動や行政が正常に機能するための必須の存在になってきました．ここではそのコンピュータネットワークを利用するだけではなく，構築したり運用したりするために必要な第一歩目の基礎知識として，通信プロトコルとは何かについて解説します．

1.1　ネットワークでつなぐ

　様々な情報処理を行ってくれるコンピュータは，それを単体で利用するだけでなく，ネットワークを用いてコンピュータ同士を組み合わせて用いるとより大きな力を発揮します．これは，電子メールやテレビ会議，**SNS**（Social Networking Service）のように，コンピュータを使う人と人との意思疎通に用いたり，人々が協力して作ったデータを1か所にまとめてあらゆる人が利用する仕組みを構築できるためです．

　また，プリンタやビデオカメラ，スキャナなどコンピュータと共に使う周辺機器をネットワーク経由で接続すると，それらを共同利用できたり，コンピュータ本体を小型化して持ち運びやすくできます．さらに職場にあるコンピュータを自宅から**遠隔操作**したり[*]，通学や出張途中の電車の中から操作できるようにもなります．仕事でデータを扱う場合は企業秘密の情報や顧客の個人情報などを安易に持ち出せませんから，コンピュータを遠隔操作できる機能はきわめて重要です．

➡リモートアクセスと呼ぶ．

　データやメッセージを離れた場所に伝えるには，例えばパソコンとデジタルカメラとをUSBケーブルで結ぶなど，普通は二つの機器をケーブルで結びます．このケーブルは一般的には当該の2点間の通信専用に用いますが，そうすると通信する相手が増えるごとにケーブルが必要となってしまい，

- ケーブルだらけになる
- ケーブルの接続口（インタフェース）がたくさん必要になる

という問題が起こります．

　そこで，様々な通信機器や接続相手を一括して（一組のケーブルでまとめて）接続できる方法を考える必要が生じてきます．

Column　LAN と WAN

コンピュータネットワークの話題の中には **LAN** や **WAN** という言葉が必ず登場します．LAN は Local Area Network，WAN は Wide Area Network の略です．直訳的には，それぞれローカルな（狭い）範囲，ワイドな（広域の）範囲をカバーするネットワークという意味になりますが，実際はもう少し深い意味があります．

一般にローカルエリアのネットワークとは，建物の中や企業の敷地の中のネットワークを指していて，それぞれの場所の所有者が通信機器やネットワークケーブルを購入して稼働させるものをいいます．一方，建物の外や企業の敷地の外と接続するには道路（**公道**）をまたいで線を引かなければなりません．しかし，公道は個人や企業の所有物ではないので勝手に線を敷設できず，政府が認可した**通信事業者**のサービスを契約しなければなりません．このように通信事業者から回線を借りて構成したネットワークの部分を WAN と呼びます．WAN の利用には月額使用料金やデータ量に応じた課金がありますから，費用対効果をしっかり考えることがネットワーク設計の基本となります．

LAN と LAN を WAN 経由で相互に接続すると大きなネットワークが構築できます．これを繰り返して世界中の LAN を相互接続したものが**インターネット**です．

要点整理　コンピュータネットワークの利点

- コンピュータを使う人同士の意思疎通
- 遠隔地にあるデータやコンピュータの操作
- 周辺機器を共同で使う
- 接続インタフェースを一つにまとめる

1.2　回線交換とパケット交換

➡加入者線と呼ぶ．

　　たくさんの接続相手と一組のケーブルだけで通信できる機器に**電話機**があります．電話機には電話局と接続するケーブル*が一組（2本）しかありませんが，世界中のどの電話とでも通話ができます．これは言うまでもなく，電話番号によって相手を選び，必要に応じてダイヤルして通話することで実現します（図 1.1）．

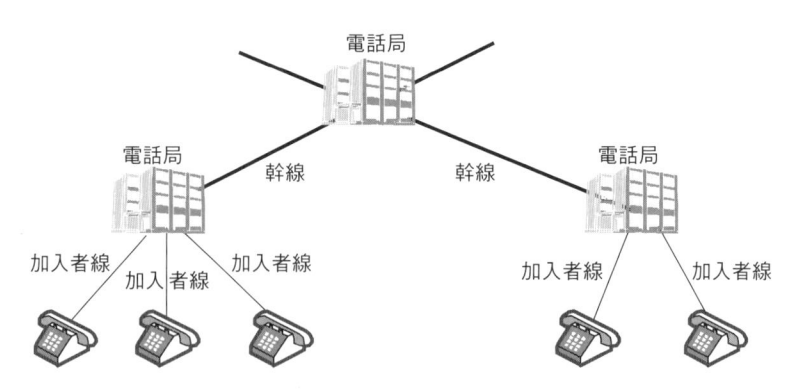

図 1.1　電話網

1.2 回線交換とパケット交換

電話では利用者が相手の番号をダイヤルすると，電話局が相手までの通信回線を瞬時に接続し，呼出音を鳴らして音声信号の伝送を行います．通話が終了すると回線を切断し，次の通話や他の人の通話に備えます．このように，通信の必要が生じる都度，相手までの通信回線が設定され，終了とともにその接続が解放される方式を**回線交換**と呼びます．

回線交換の技術は今日でも広く使われていますが，コンピュータネットワークでは通信する相手が頻繁に替わったり，同時に複数の相手と通信する使い方が一般的です．回線交換は接続した相手としばらく情報のやり取りを続ける使い方が前提で，相手が頻繁に入れ替わる場合は回線をつなぐ作業と切断する作業が何度も発生してとても効率が悪くなります．そこで，回線交換に代わって**パケット交換**と呼ばれる方法が必要になります．

➡ 一般に数十バイトから数千バイト程度．

パケット交換では，伝えたいディジタルデータを**少量のビット数**の塊(かたまり)に分割し，通信の宛先を示す識別番号やその他の制御情報をそれぞれの塊に書き足して送出します（図1.2）．通信経路の途中にある中継機器はこの識別番号を読み取り，正しい宛先に中継を繰り返してデータを目的の相手先に届けます．ここで，中継器同士の間に多くの利用者のパケットが混在して流れるところに特徴があります（図1.3）．

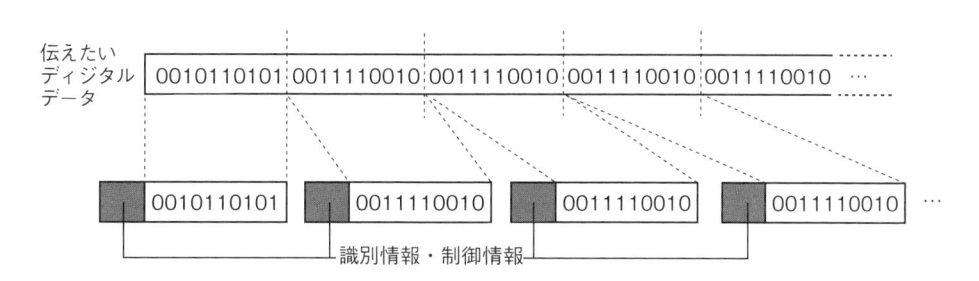

図1.2 データのパケット化

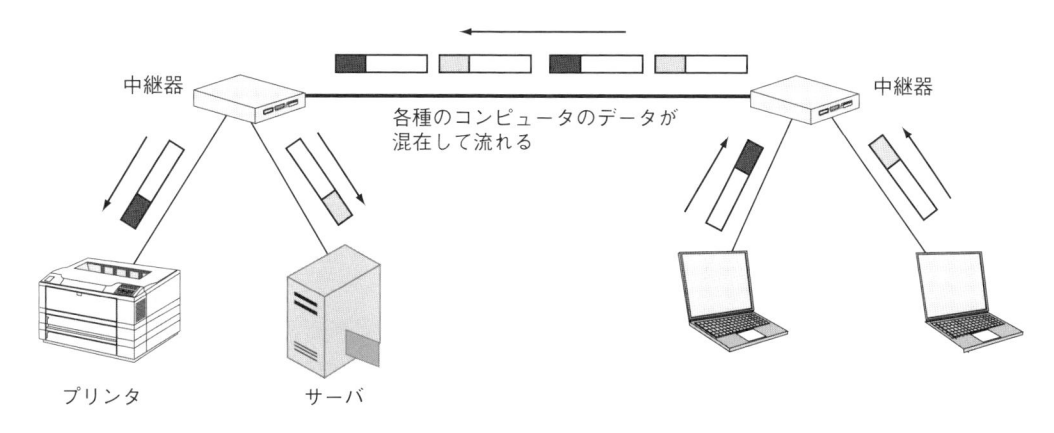

図1.3 パケット交換

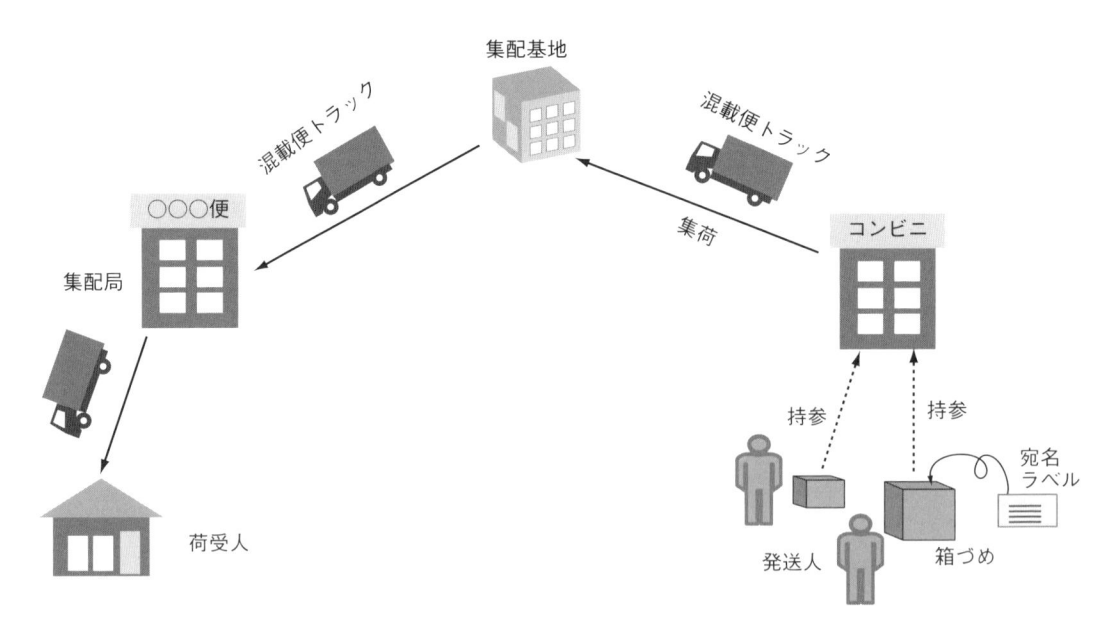

図 1.4　宅配便

　パケット交換のこの様子は，宅配便の会社が小包を遠方に届ける手続きとよく似ています（図1.4）．小包で荷物を遠方に送るには，まず送りたい荷物を箱に詰められる程度の量に小分けして箱詰めし，箱に宛先ラベルを貼ってコンビニなどの取扱店舗の窓口に持って行きます．窓口に集められた荷物はトラックが回収し，集配基地で仕分けされて宛先ごとに混載便の大型トラックで目的地の方向に送られ，そこで再び仕分けされて届け先に配達されます．これらの作業の間，宅配便事業者は小包の箱に貼られた宛先ラベルだけを見て荷物を取り扱います．パケット交換の中継器も同様に宛先ラベルだけを見て中継作業を行います．

1.3　パケット交換の利点

　パケット交換を用いると，利用者はたくさんの相手先とほぼ同時に通信ができます．相手ごとに異なる宛先ラベルを付けたメッセージを送出すればよく，回線交換のように回線を接続したり切断したりする操作が必要ないからです．インターネットにつながったパソコンでは，例えば内蔵時計の時刻調整やソフトウェアの更新チェックなど，利用者が意識せずとも常時数か所の宛先と通信していることが普通です．これに加えて，利用者が意識的に行うホームページ閲覧や電子メール送受信のデータも並行して流れています．

> **要点整理　回線交換とパケット交換の比較**
>
> **回線交換**
> - まず相手と回線を接続，終わると切断して解放
> - 相手は1人
> - 通信中は回線を独占
> - 相手とつながらない場合がある
>
> ↕
>
> **パケット交換**
> - データを分割してラベルを付けて送る
> - 複数の相手と常時接続する場合に好都合
> - 幹線上は各宛先のパケットが混在して流れる
> - 通信速度は一定しない

　パケット交換にはもう一つ大きな利点があります．それは，遠方にデータを送るとき，たくさんの利用者のデータを同じ回線上で**まとめて送る**ため，**コスト**が安くて済むことです．回線交換では，相手と接続中はデータがない瞬間もその回線が独占され，他の利用者はその伝送能力を利用できません．例えば遠隔地の人と電話で通話する場合を想定すると，片側の人が話しているときは反対側の人は黙っていることが多く，片方向だけで見ると通信路は接続時間の半分以下しか使われません．しかしパケット交換では，伝送データがないときはその伝送能力を他のユーザが利用でき，結果として回線の伝送能力をたくさんの人が融通し合って効率よく利用できます．

1.4　ベストエフォート型ネットワーク

　パケット交換では，限られた通信容量をたくさんの人が効率よく利用できる反面，利用者がネットワークを使いたいときに「混んでいて遅い」という問題に直面する可能性があります．パケット交換方式では，目的の相手と十分な速度で通信ができることを確認してから接続するのではなく，先のことはあまり考えずにデータ伝送を始めます．このことから瞬時瞬時の利用者数や他の利用者のネットワーク利用状況によって，通信がスムーズに行えるときと滞るときが生じ，通信状況が一定しないことになります．

　パケット交換方式に見られるこの性質を**ベストエフォート**（best effort）と呼びます．ベストエフォートとは，文字通りに解釈すれば「スムーズに利用できるように最大限努力する」ですが，実際には混雑時の性能を保証しない，ある種の言い訳の表現として使われます．一般消費者が利用するインターネットはベストエフォート型ネットワークの代表例で，価格を抑える代わりに通信速度の保証をまったく行わないことが特徴となっています．

一方,一般消費者向けではなく企業の業務用ネットワークでは,ベストエフォートの考え方は通用しない場合があります.このような場合は,同じパケット交換方式でも**通信可能な最低限の速度を保証する方式**が用いられます*.

→企業の拠点間接続で用いられるATM(非同期転送モード)ネットワークやフレームリレーネットワークなど.

要点整理　ベストエフォート型と保証型ネットワーク

ベストエフォート型パケット交換
- 速度保証なし
- 安価
- 一般のインターネット

回線交換型ネットワーク
- 100% 速度保証
- つながらない場合あり
- 電話網など

最低保証付きパケット交換
- 速度の最低保証あり
- やや安価
- フレームリレー, ATM

専用線ネットワーク
- 100% 速度保証
- 100% 接続保証
- きわめて高価

逆に回線交換方式では,相手との接続中はあらかじめ決められた伝送速度が専用に提供されるので,途中で通信が滞ったり遅くなることはありません.その代わりに,相手との接続がそもそも成立せずに失敗する可能性があります.地震などの大規模災害が発生すると安否確認のための電話が災害地に集中し,電話がつながりにくくなりますが,回線交換は通信速度が遅くならない代わりにこのような接続できない状態が稀に起こります.

回線交換とパケット交換には,このように長所と短所がそれぞれあります.相手との通信速度が変動したり接続できなかったりすることで困る場合は,通信相手との間に専用の通信回線(専用線)を敷設します.これは,最も高信頼で他の利用者の影響を受けないという利点がありますが,維持にかかる費用も突出して高くつくという問題があります.

1.5 プロトコル

パケット交換型ネットワークでは，複数の利用者の送信データが混在して流れます．このため，

- データをどのように加工して送信するのか
- データの塊(かたまり)の何ビット目は何を表すか
- データを受信したとき，何を返送すべきか
- 共有ネットワークを使うときに守るべきルールは何か

など，情報の伝送に携わるすべての機器が共通して理解でき，守るべき取り決めが定められていないと秩序ある情報伝送ができません．このような通信のやり取りに必要な約束事を**プロトコル**（protocol）と呼びます．

ある通信機器が別のある通信機器とだけしか通信せず，なおかつその間が専用の信号線で結ばれているなら，通信の取り決めは当事者の間だけで合意すればよく，プロトコルの決定は簡単です．このような事例としては，例えばコンビニエンスストアの中にある銀行ATM端末と銀行本店のコンピュータとの間の通信を想像するとよいでしょう．銀行ATMの端末は銀行本店のコンピュータ以外とは通信しませんから，通信上の取り決めは本店コンピュータとの間だけで合意すれば済みます．

ところが一般消費者が使うネットワークでは，例えば家庭であれば多様なメーカーが作ったパソコンが多様なメーカー製のプリンタとネットワークでつながり*，また様々な通信事業者のネットワークを介してインターネットとつながります．パソコンが通信する可能性がある相手には膨大な種類があります．

➡マルチベンダネットワークという．

このように接続相手の種類が膨大である場合，通信に用いるプロトコルを厳密に決めておくことは，製品や技術を安心して使えるようにするためにきわめて重要な作業となります（図1.5）．プロトコルを利用する組織の数が増えると，組織間の利害関係なども絡んで取り決めがスムーズに進むとは限りません．取り決めを作ることが企業間の主導権争いに関係したり，国家間の利害関係に発展する場合もあります．そこで，現代の通信プロトコルでは2.2節で説明するような，大掛かりな取り決め策定手続きを経てプロトコルが決まります．

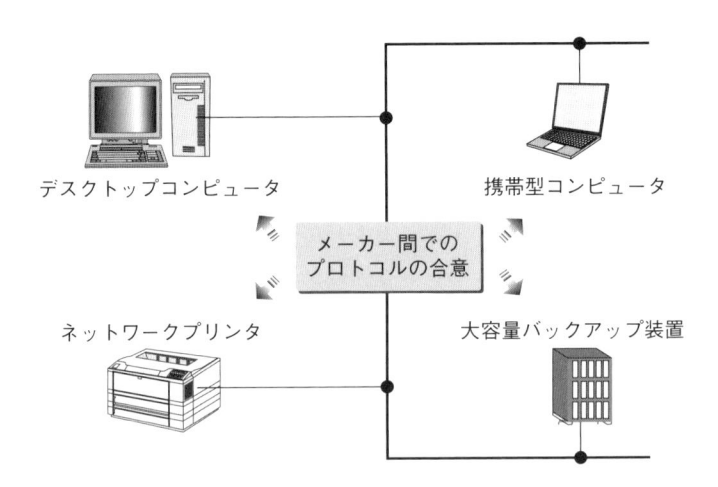

図1.5 メーカー間でのプロトコルの合意

> **Column　プロトコルと自然法則**
>
> コンピュータはディジタル回路で構成され，0と1だけの論理値の演算で動作しているため，物理学などの自然法則にのっとって正しく動作すると誰でも期待しています．通信プロトコルについて学び始めた皆さんは，プロトコルもコンピュータと同じように自然法則にのっとって正しく動作するはずのものと考えているかもしれません．
>
> しかし，プロトコルは機器と機器とが情報を伝える手順についての約束を定めたものに過ぎません．約束は人と人とが協議して決めたもので，自然法則にのっとって最適な方法を決めたものではありません．
>
> 人が協議して決めたものですから，議論の主張に長けた人や組織の意向が往々にして尊重され，必ずしも技術的に優れた方法にはならない場合があります．また，プロトコルを決めた当初には想定していなかった使い方が主流となって，後から変更を余儀なくされることも珍しくありません．もちろん，技術的な優位性をいっさい考慮せずに決めるのではなく，優れた方法になるよう人々が知恵を出し合っていますが，結果として技術的に優れた方式が勝ち残れるとは限りません．ネットワークの世界では一般に**単純な方法**が好まれる傾向にあります．
>
> このように，プロトコルの策定はきわめて人間的な営みで，集団が意思決定を行う手続きによく似ています．そこには理屈で割り切れない事情があちこちに隠されています．

1.6　プロトコルのモジュール化

　　　　　　　　　　　　通信手順を明文化したものと言えるプロトコルは，一般的にはソフトウェアとして一連の動作を記述し，通信機能を持った機器に内蔵させます．ですからプロトコルの実体は，ほぼ全部が**ソフトウェア**です．

　　　　　　　　　　　　私たちが日頃よく接するビジネス用やゲーム用などのアプリケーションソフトウェアと，この通信プロトコルを実現するためのソフトウェアとの間には，根本的な相違点が見られます．それは，一般的なアプリケーショ

➡プロトコルの実装などと呼ぶ．

ンソフトウェアは動作のロジックが複雑で，行うべき動作が多岐にわたりますが，通信プロトコルを処理するソフトウェアでは行うべき動作は比較的単純であることが多いという点です（図1.6）．

```
┌──────────────┐        ┌──────────────┐
│  一般的な     │ ◀═══▶ │ネットワークプロトコルを│
│アプリケーションソフト│        │記述したソフト  │
└──────────────┘        └──────────────┘
```

・実現する機能は複雑で多様　　・実現する機能は単純
・多くの場合，人間が直接操作　・例外処理の記述が膨大
・多少バグが残っていてもOK　 ・コンピュータが自動処理
　　　　　　　　　　　　　　　・バグで動作が停止すると致命的

図1.6　通信ソフトウェアの特性

　一方で，通信を担当するソフトは様々な相手と通信する可能性があります．また，通信の途中で何か問題が起こった場合でも自動的に対処できるよう，あらゆる予防措置をソフトウェアとして組み込んでおかなければなりません．この予防措置は**例外処理**と呼ばれています．通信プロトコルのソフトウェアの90%以上は何らかの例外処理のために書かれています．例外処理の中には頻繁に起きるものもありますが，めったに起こらない特殊なケースもあります．

　ソフトウェアは人間がプログラミングしますから，必ず**バグ**が発生します．バグはデバッグ作業で取り除きますが，「めったに起こらない例外」の処理部分は，それが起きる可能性がめったにないだけにデバッグ作業も困難となります．このような例外処理のプログラムを一つずつ丁寧にデバッグするには膨大な時間と手間が必要となります．

　そこで現代の通信プロトコルのソフトウェアは，何もない状態から独自に書き起こすのではなく，**他の人が他の目的のために過去に作成し，安定して稼働することが証明されているプログラム***を流用したり（盗用するという意味ではない），他社から購入して使う方法が一般に用いられています．

➡これを枯れた実装と呼ぶ．

　他人が書いたプログラムを流用するには，そのソースコードが再利用しやすい形で書かれていることが大前提です（図1.7）．再利用しやすいプログラムは内部が機能的にモジュールに分割されており，どんなデータを与えればどんな処理結果が出るかが明らかで，機能ごとの依存関係が少ないことが特徴です．このようなコードを利用できるなら，必要となる新規機能の部分だけを追加する，または既存のコードと入れ替えるだけですぐにバグが少ない通信プログラムが完成します．

　そこで，通信プロトコルを記述するソフトウェアではプロトコルのモジュール化が徹底して行われていて，機能別にソフトウェアの守備範囲を

決め，これらを組み合わせて目的の機能を実現する仕組みが用いられています．

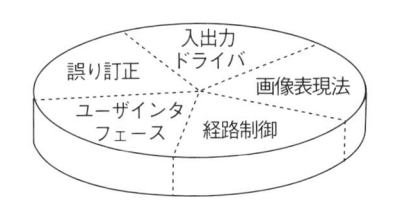

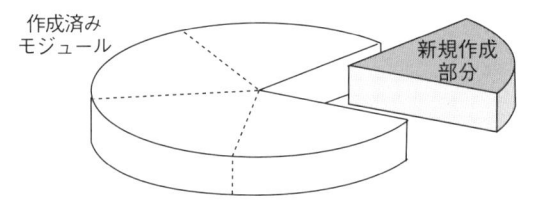

(a) 明確な機能分割をしてプログラムをモジュール化しておく

(b) 一部分だけの入れ替えが容易

図 1.7　プロトコルのモジュール化とその利点

調査課題

1　パケット交換を用いて通信する場合の欠点について，本文で言及していない問題点を調べて議論しなさい．

2　電話網において，相手が電話を使用していないのに電話がかからない場合があります．その原因として考えられることを調査して議論しなさい．

3　インターネットに接続されたコンピュータで，ネットワークが混雑するとWebページの画面表示が遅くなります．その理由を調べて議論しなさい．

4　プログラムのバグを取り除くデバッグ作業とは具体的にどのようなことを行っているのか，調査して議論しなさい．

5　プログラムのソースコードの再利用を促進するためにモジュール化が重要である理由を調べて議論しなさい．

第2章 OSI参照モデル

ネットワークコミュニケーションを支える技術として，それぞれの装置間でデータのやり取りの方法を手順として取り決めておく必要があります．これを明文化したものがプロトコルですが，第2章では最初にプロトコルの標準化の手続きについて触れ，次に通信プロトコルを学習する上で必須の考え方となっているOSI参照モデルについて詳しく説明します．

2.1 プロトコルの標準化

第1章でも述べましたが，特定の相手としか通信しない場合のプロトコルは当事者同士で合意すればよく，簡単に決められます．しかし不特定多数の相手と通信する場合は，相手が理解できるプロトコルを使わなければそもそも通信が成り立ちません．ですからプロトコルを勝手に解釈したり，相手の存在を無視してプロトコルを独自に作ることはできません．

このように，プロトコルを決めるには関係する当事者の間で合意を得る必要があります．これを**プロトコルの標準化**と呼びます．標準化には次の2種類の考え方があります．

2.1.1 デジュールスタンダード

プロトコルの標準化で最もわかりやすい手段は，国家の行政府など権威を持った組織が策定して仕様を公開する方法です．このようにして決められた標準化技術のことを**デジュールスタンダード**と呼びます．

→有線通信関係はITU-T，無線関係はITU-Rで審議される．

通信プロトコルの標準規格を作る団体としては，**国際連合（UN）**の下部組織にあたる**国際電気通信連合（ITU）***や**欧州郵便電気通信主管庁会議（CEPT）**，**米国電気電子学会（IEEE）**，**国際標準化機構（ISO）**などがあげられます．通信やネットワークの分野では，国家の情報基盤である電話網で国際電話がスムーズにつながるようにするために各国の行政府が協調して標準化を進めた経緯から，現在でも電話事業を管轄する行政機関が取り決めに関わっています．

デジュールスタンダードの特徴は，団体の構成員からまず提案を募り，公開の議論の後に**投票**で提案方式の一つを採択します（図2.1）．もちろん，採択に至る過程では他の国や他の構成員の支持を取り付けるために，提案に変更を加えたり似た提案を一つにまとめて他の提案と対抗するなど，水

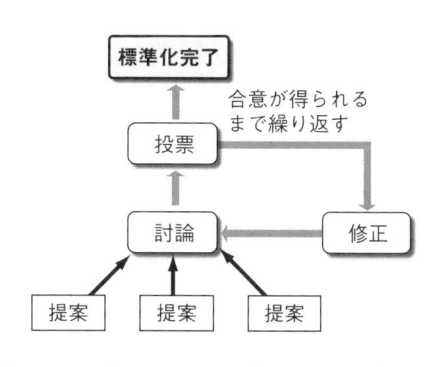

図2.1 デジュールスタンダードの合意プロセス

面下での調整が行われます．ITU などでは，国の大きさによらず平等に投票権があり，大国の提案がそのまま承認されるとは限りません．

デジュールスタンダードは投票により決まるので，方式決定のプロセスが明快です．しかし，構成員が互いに利害関係にある場合が多く，最終的に投票によって決定するまでの調整に多くの時間を要します．技術革新が激しい分野や標準化が急を要する分野では，標準化の遅さが致命的となって標準化団体が機能不全に陥ることもあります＊．

➡例えば，無線 LAN 規格の一つである IEEE 802.11n では，草案完成から最終合意まで3年半を要した．

通信プロトコルにおけるデジュールスタンダードの例としては，後述する **OSI プロトコル**，イーサネットや無線 LAN 規格などで有名な **IEEE 802 シリーズ**などが挙げられます．

2.1.2 デファクトスタンダード

ある方式が広く一般的に利用されるようになり，類似の他の方式がほとんど使われなくなって事実上の標準となったものを**デファクトスタンダード**と呼びます．高密度データ記録方式のブルーレイ (Blu-ray) などはデファクトスタンダードの代表と言えるでしょう．

現代のインターネットでは TCP/IP プロトコルが用いられていますが，コンピュータネットワークの世界における TCP/IP プロトコルもデファクトスタンダードの一つと言えます．コンピュータネットワークのプロトコルには TCP/IP 以外にもたくさんありましたが，今日では大規模なネットワーク相互接続には，事実上 TCP/IP 以外の方式は使われなくなりました．

TCP/IP プロトコルは，その骨格部分のプログラム（ソースコード）を米国の大学が中心となって開発し，無償で公開したことを契機に爆発的に普及しました．また，骨格部分以外の様々なアプリケーション対応の機能や利便性・性能を向上させる機能は誰でも作ることができ，その標準化においても誰でも参加が可能なオープンな非営利団体（IETF）が管理しています．これにより，高い技術力を備えた人々が積極的にアプリケーションやプロトコルの開発に携わるようになりました．

デファクトスタンダードの標準化モデルに従うと，技術革新が促進され，新しく意欲的なアプリケーションが次々と登場するものと期待されます．

要点整理　　プロトコルの標準化

デジュールスタンダード
- 投票で決める
- 国の行政機関や企業がメンバー
- 利害調整に時間がかかる
- 技術革新が停滞する可能性がある

デファクトスタンダード
- 自然淘汰の結果として標準となる
- 誰でも（個人でも）標準方式を創造できる
- 利用者は自己責任を負う
- 技術革新が促進される（といわれる）

しかし，ある通信アプリケーションのために複数の方式が乱立する可能性があり，異なる方式間での相互運用性は保証されません．また，標準化に至る過程が自然淘汰に任されるため，利用者は自己責任の下で方式を選ばなければなりません．

これに対してデジュールスタンダードの標準化モデルでは，標準仕様が決まるとその分野の技術革新は停滞すると言われています．その代わりに，利用者は決められた方式を安心して利用できる利点があります．

> **Column　RFC**
>
> ➡プロトコルファミリーと呼ぶ．
>
> 本書で主に取り扱っている TCP/IP プロトコルは，個々の機能を規定する膨大な数のプロトコルの集合です*．これらの規格文書は RFC (Request For Comment) と呼ばれています．
>
> RFC はインターネットの技術的課題を検討するグループ IETF (Internet Engineering Task Force) が編纂している文書ですが，IETF は主にメーリングリストで議論を行う団体で，誰でも費用負担なしに参加できます．IETF には技術分野ごとに数 10 種類のワーキンググループがあり，誰でも新しいプロトコルの提案ができます．プロトコルの提案をしたい場合，文書として草案を作った上で提案を実現したサンプル実装を公開し，関係者の批評を仰ぎます．当該分野に興味を持つ世界中のエンジニアを納得させられれば晴れて提案が RFC として公開され，標準化の第一歩を踏み出します．
>
> このようにして提案されたプロトコルが年月を経て使い込まれ，類似の方式が自然淘汰されると初めてデファクトスタンダードとして認知され，STD と呼ばれる番号が付与されて標準化方式に認定されます．

2.2　OSI 参照モデル

デジュールスタンダードに沿って策定されている代表的なプロトコルに **OSI** (Open System Interconnection, 開放型システム間相互接続) があげられます．OSI は国際標準化機構 (ISO) が策定したもので，国際間接続を含む大規模なネットワークへの適用を想定したプロトコルとなっています．しかし，OSI は仕様策定に時間を要した上，机上検討を中心としてプロトコルの理想像を追求しすぎ，社会のニーズや装置の実現性などにあまり配慮しない「複雑すぎる仕様」となってしまいました．このため，現実の世界ではあまり受け入れられず，限られたユーザに利用されるだけのプロトコルとなってしまいました．

ところが，OSI プロトコルはプロトコルのあるべき姿の議論から生まれたため，プロトコルのモジュール化を議論する際の手本として理想的な姿を備えていました．そこで，OSI プロトコルそのものは使われませんが，そのモジュール化の考え方が広く一般に認知されるようになりました．このモジュール化の枠組みのことを **OSI 参照モデル** (OSI reference model) と呼びます．OSI 以外の様々なプロトコルが OSI 参照モデル準拠を意図

第2章 OSI参照モデル

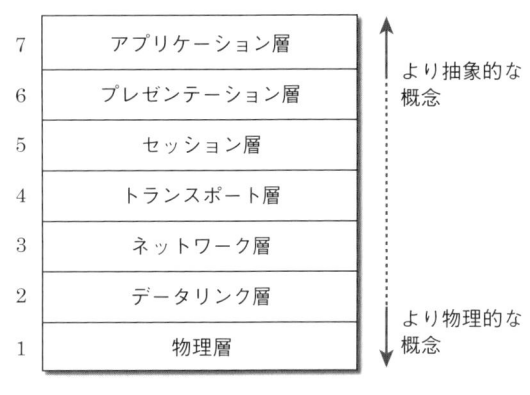

7	アプリケーション層
6	プレゼンテーション層
5	セッション層
4	トランスポート層
3	ネットワーク層
2	データリンク層
1	物理層

より抽象的な概念 ↑
より物理的な概念 ↓

図2.2　7階層モデル

して作られているわけではありませんが，プロトコルの機能分担に関する議論に大きな影響を与えています．

OSI参照モデルでは，通信プロトコルの機能を七つの**階層**に分けて規定し，それぞれの階層が担うべき機能と他の階層との間のインタフェースの方法を示しています．階層という言葉は**レイヤ**と呼ばれることもあります．

図2.2は，OSI参照モデルの7階層構造を説明したものです．図のように，縦に7段重ねにした図でプロトコルの各機能を表すことが多く，下位のレイヤほど物理的な信号伝送のイメージに近い具体的な伝送手順を，また上位のレイヤほど抽象的な概念を表す機能となっています．通信の主体となる利用者（人間）やネットワーク機能を用いるアプリケーションソフトウェア（例えばWebブラウザやWebサーバ機能など）は，この7階層の図には含まれていません．

これら7階層のそれぞれの箱の中には，実際の通信で用いられるソフトウェア処理の機能が格納されます．通信は相手があって成立するものですから，7階層のプロトコルは図2.3のように相手側にも同じ処理を行うソフトウェアがあります．ただし，両側のソフトウェアが同一のコードであるとは限りません[*]．後述しますが，大規模なネットワークではデータパケットを中継する機能が必要になります．図2.3は，中継者が介在する場合の構造を示しています．

➡異なるメーカーが製造した機器同士を接続するときは，一般に別々のソフトウェアが相互に通信する．

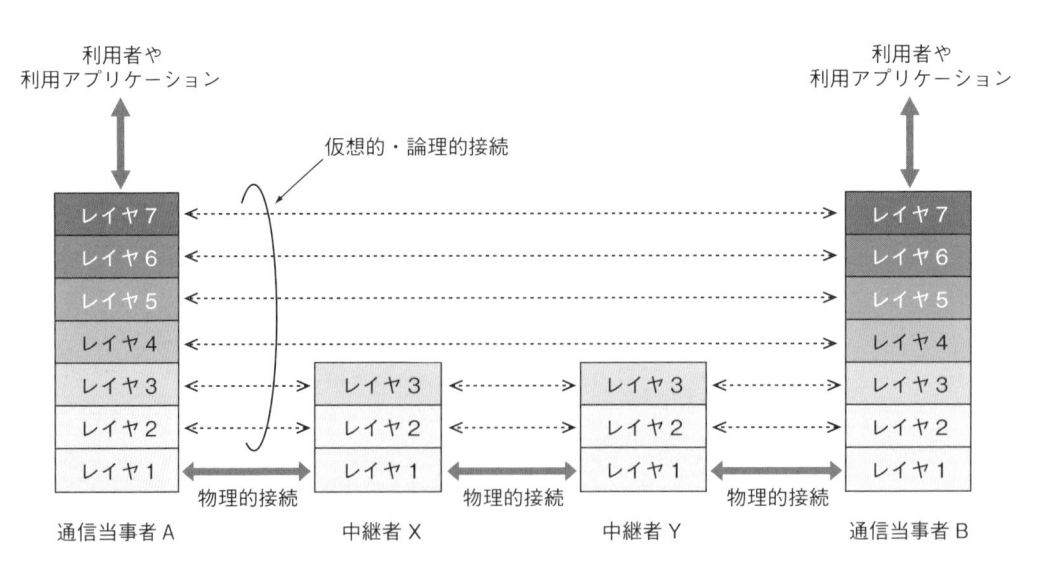

図2.3　各階層の対応関係

（通信当事者A — 中継者X — 中継者Y — 通信当事者B、仮想的・論理的接続、物理的接続、レイヤ1〜7）

> **要点整理　OSI 参照モデル**
>
> - Open System Interconnection
> - プロトコルのモジュール化の規範
> - OSI プロトコルがベース
> - 7 階層モデル
> - 各階層の役割と上下層とのインタフェースを定義
> - 具体的なアプリケーションは含まない

2.3　カプセル化

　OSI 参照モデルの各レイヤは通信相手の同じレイヤと協調して動作し，データのやり取りの作業を行います．つまり，それぞれのレイヤのプログラムが相手側の同じレイヤのプログラムと連携して制御コマンドやその応答を交換し，それぞれのレイヤに与えられた機能を果たします．

　ただし，各レイヤは相手側の同じレイヤと物理的に通信を行う機能は持っておらず，間接的に相手側の同じレイヤと連携するようになっています．相手側との実際の制御情報のやりとりは，各レイヤの一つ下位のレイヤに通信を依頼することで実現します．例えばレイヤ 3 のモジュールはレイヤ 4 からの通信依頼に基づいて機能を果たしますが，相手との実際のデータ送受信はレイヤ 2 に依頼を行います．またレイヤ 2 はレイヤ 1 に実際の通信を依頼します．レイヤ 1 だけは他とは異なり，直接相手と通信を行います．

　各レイヤではデータをパケット化して取り扱います．第 1 章で述べたように，パケット化の過程では一定長を超えないように送信データを分割し，宛先の識別番号や制御情報を付加します．この付加された部分を**ヘッダ**（header）と呼びますが，ヘッダとデータ本体を連結したものが下位のレイヤに送られます．下位のレイヤでは上位レイヤから受け取った「ヘッダとデータ本体」をまとめてそのレイヤが取り扱うデータとみなし，この「ヘッダとデータ本体」にさらに当該レイヤのヘッダ情報を付加して，下位のレイヤに渡します．

　この様子をまとめたものが図 2.4 です．図のように，レイヤ 7 から送られたデータは順に下位のレイヤに送られますが，その際にレイヤを一つ降りるごとにヘッダが追加されます．このように下位レイヤのパケット構造のデータ部分に上位レイヤのヘッダとデータを内包してパケットを作る方法を**カプセル化**（encapsulation）と呼びます．

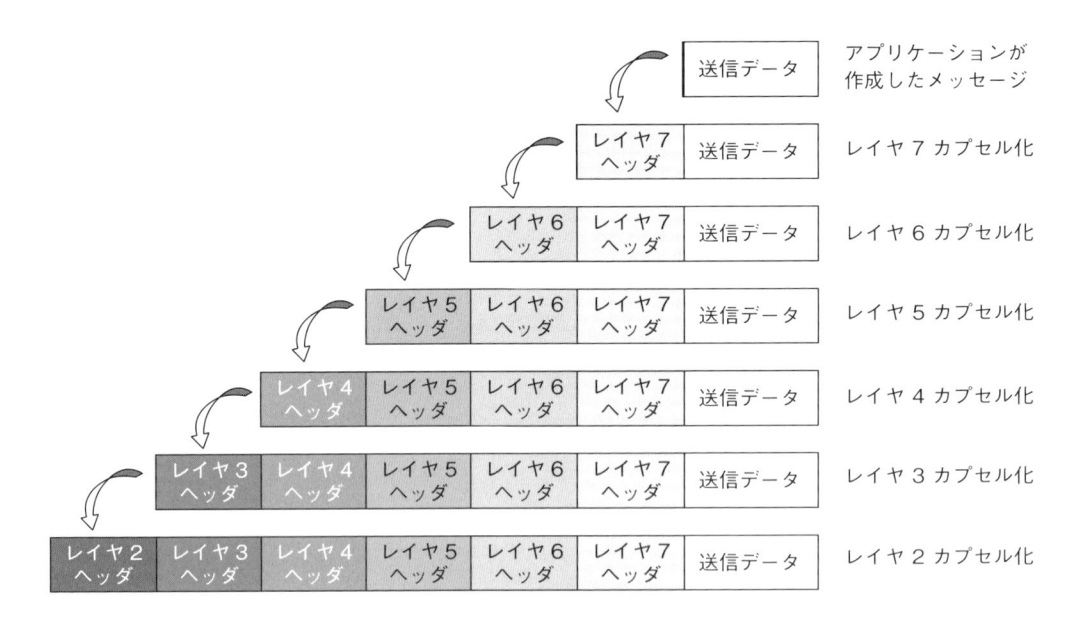

図 2.4　カプセル化

　データを受け取る側では，レイヤ1がまずパケットを受け取り，これをレイヤ2に渡します．レイヤ2ではレイヤ2用のヘッダから識別番号や制御情報を読み取り，レイヤ2としての作業を実行した後，レイヤ2のヘッダ部分を削除して上位のレイヤ3にデータ部分を渡します．この操作が**カプセル化解除**（decapsulation）です．同様の操作をレイヤ7まで続けると，送信側から送ろうとしていたメッセージが受信側のアプリケーションに届くことになります．

2.4 各レイヤの役割

　OSI参照モデルで規定されている七つのレイヤについて，それぞれが担う役割について見てみましょう．

2.4.1 レイヤ1：物理層

　OSI参照モデルで最も下位に位置するレイヤ1は**物理層**です．物理層では，信号伝送における電気的・機械的な接続条件や手順を規定します．具体的には，信号伝送のためのコネクタの形状や信号ピン配置，信号レベル，伝送速度，変調方式，伝送ケーブルの仕様などがこの階層の規定です[*]．物理層はプロトコルの規定の一部ですが，ソフトウェアが関与する機能はこのレイヤにはほとんど含まれていません．本書でもレイヤ1の機能について，これ以上は言及しません．

　レイヤ1の機能を含んだ標準化プロトコルの例は少なくありません．例えば，電話回線を用いてデータ伝送を行うモデムの国際規格（V.90な

➡ これらの方式については，通信理論などのテキストを参照．

ど),高速シリアル伝送規格 IEEE 1394 (FireWire),有線 LAN の規格 100BASE-TX,無線 LAN の規格 IEEE 802.11g などはすべてレイヤ 1 の機能に相当する仕様を規格に含んでいます.

2.4.2 レイヤ2：データリンク層

データリンク層は物理層を介して接続され,相手と直接やり取りを行う 2 地点間でのデータ伝送の方法を規定しています.「やりとりを直接行う」とは,信号ケーブルで直接つながっているか,または無線通信の場合は互いに直接電波が届く範囲にある機器同士の通信を意味しています.

データリンク層が担当する機能としては,

- 複数のコンピュータが共同で使う伝送媒体の使用権の調停を行う
- 識別番号により相手を特定してデータを送受信する
- 誤りのないデータ伝送を実現する
- 相手の能力や状況によりパケットの流量を調節する

などがあげられます.

IEEE 規格などでは,データリンク層の機能をさらに二つのレイヤに分割して規定しています.このうち,物理層に近い方を**メディアアクセス制御副層**(Media Access Control, MAC 層),レイヤ 3 に近い方を**論理リンク制御副層**(Logical Link Control, LLC 層)と呼びます(図 2.5).MAC 層は共有伝送媒体の使用権の調停やフレーム構造の定義を主に担当します.データリンク層のパケットのことを**フレーム**と一般に呼びますが,LLC 層では通信途中にフレームに生じた**誤りの回復**などを担当します.図 2.6 は MAC 層と LLC 層の役割を示しています.

ネットワーク層		
データリンク層	論理リンク制御副層	LLC 層
	メディアアクセス制御副層	MAC 層
物理層		

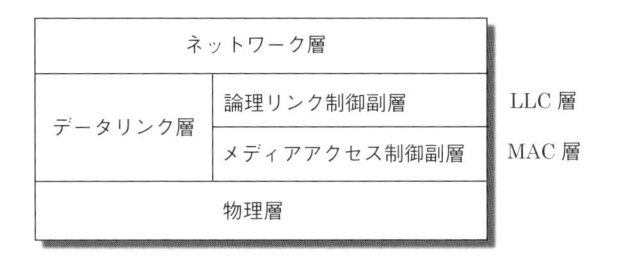

図 2.5　データリンク層の細分化

有線 LAN や無線 LAN の規格は,例外なくデータリンク層の機能をプロトコル仕様の中に含んでいます.また,データリンク層のプロトコルは物理的な信号伝送方式と密接に関連して規格が決まっていることが多く,これらの規格は物理層とデータリンク層を合わせて定義している場合が多いようです.

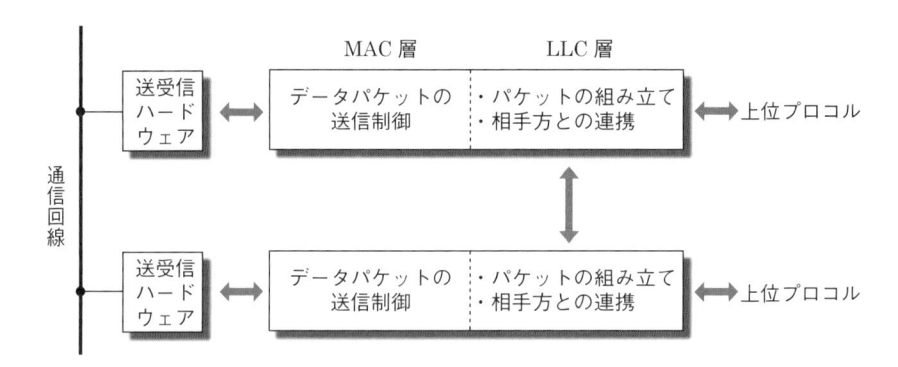

図 2.6 LLC 層と MAC 層

2.4.3 レイヤ 3：ネットワーク層

直接通信できる範囲を担当するデータリンク層の機能だけでは**広域ネットワーク**は実現できません．**ネットワーク層**はデータパケットの**中継**を行う機能を提供し，これによって大規模なネットワークを実現します．

ネットワーク層は次のような機能を担当しています．

- データパケットの中継機能そのものの実現
- 中継を前提とした識別番号（アドレス）体系の提供
- 相手方までの最適経路の決定

小規模な企業内ネットワークなどでは，ある利用者のコンピュータとそ

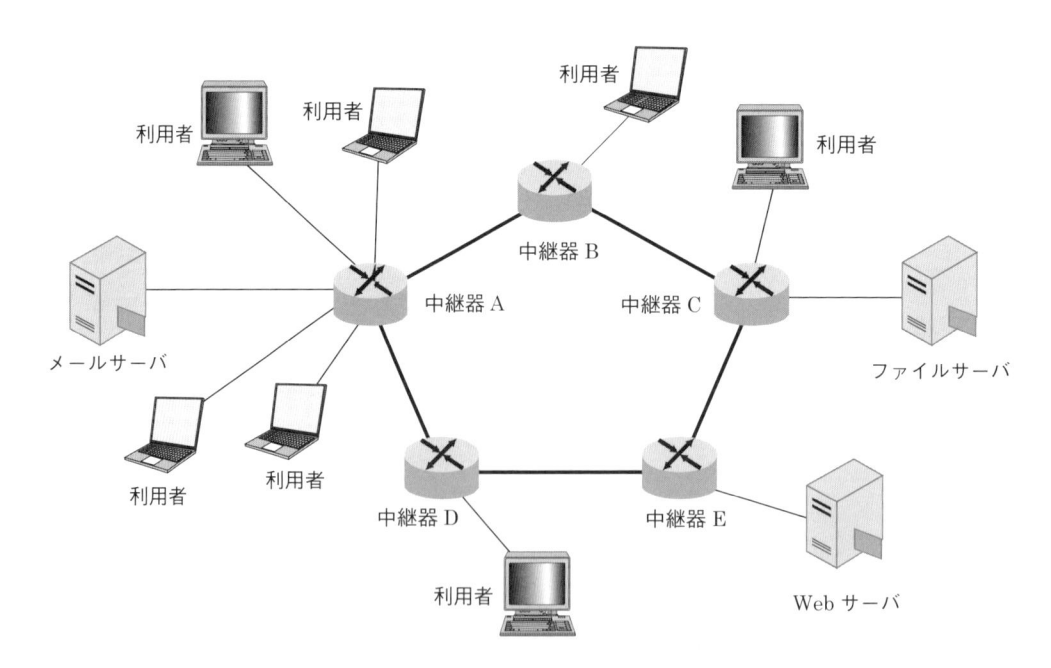

図 2.7 中継ネットワーク

の接続先との通信経路はただ一つであることが多く，ネットワーク層プロトコルが提供すべき機能は明らかです．しかし，インターネットなどの巨大なネットワークでは接続先と通信を行う経路は何百通りもあり，その中から最適な経路を選ぶための技術が必要となります（図 2.7）．また，接続相手が地球上のどこにあるのかを知る手段も必要になります．

ネットワーク層に該当するプロトコルの代表は **IP**（Internet Protocol）です．ネットワーク層の機能を含むプロトコルはたくさんありましたが，IP の技術進歩に伴い，他のプロトコルはほとんど使われなくなりました．IP が多くの人々に受け入れられた背景には，広域ネットワークの構築に必須となる大規模化の仕組み[*]を巧妙に備えていたこと，またデファクトスタンダードの標準化プロセスを用いて技術革新を促進したことなどがあげられます．

➡ スケーラビリティと呼ぶ．

2.4.4 レイヤ4：トランスポート層

トランスポート層は，レイヤ 3 以下の機能でつながっている 2 地点間において，最終当事者間（End-to-End と呼びます）での**高信頼伝送**を担当します（図 2.8）．ここで言う高信頼伝送とは，伝送するメッセージやデータに誤りが含まれず，欠落がなく，順序通りに伝送されることを指しています．相手と直接通信可能な場合はデータリンク層の機能で同様な作業がカバーされますが，トランスポート層の機能は中継器を含んだ大きなネットワークの中で通信の最終当事者間で高信頼伝送を提供することが特徴です[*]．

➡ TCP/IP ではこのような高信頼性を意図的に提供しないトランスポート層プロトコルも規定されている．

リンクごとのデータのやり取りと誤り回復（レイヤ 2）

コンピュータ ── 中継 ── 中継 ── コンピュータ

End-to-End での制御

最終当事者間での通信

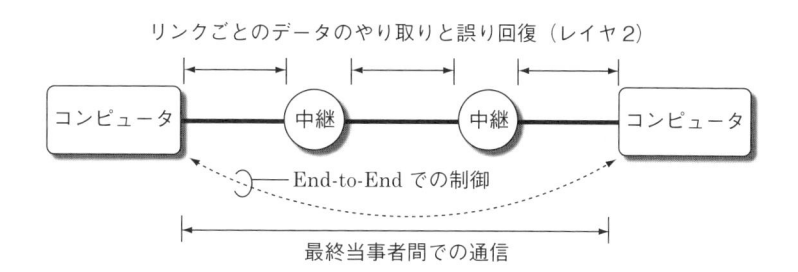

図 2.8 End-to-End での高信頼伝送

トランスポート層に該当するプロトコルの代表は，インターネットで利用されている **TCP**（Transmission Control Protocol）です．TCP では高信頼伝送の実現に加えて，**ポート番号**による識別番号体系の提供という重要な役割も担います．これは，1 台のコンピュータの中で複数のプログラムが同時に動作している**マルチタスク環境**の通信では必須の機能となります．ポート番号によってコンピュータ内のどのプログラム（プロセス）と通信するのかを特定できます．

2.4.5 レイヤ5：セッション層

レイヤ4までの機能によって，2地点間で任意のビット列データをやり取りする機能が実現しました．レイヤ5の**セッション層**では，レイヤ4以下の機能を通じて行う通信の開始から終了に至るまでのやり取り（**セッション**）の流れ（**ダイアログ**）を管理します．具体的には，メッセージのやり取りにおける主導権を調停したり，セッションのどの状態にあるかを確認したり，障害が発生した場合の対処などを規定します．

この機能は，例えばインターネットでオンラインショッピングサイトを利用する場面を想像すると簡単に理解できるでしょう（図2.9）．オンラインショッピングでは，Webブラウザを使ってショッピングサイトのページを閲覧し，商品を選び，配達先の情報を伝え，支払い方法を選択して一連の対話が完了します．Webサイトのそれぞれのページ内容はレイヤ4の機能を使って伝達されますが，ページ遷移の前後の関係はレイヤ4では関知しません．利用者がショッピングサイトにログインしたり，商品を選んだりする操作はすべて関連付けが必要ですが，これがダイアログであると理解すればわかりやすいでしょう．

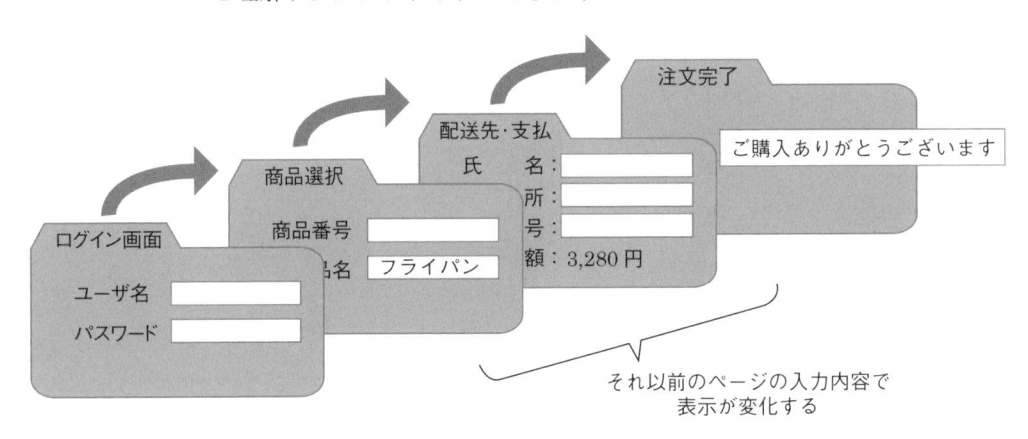

図2.9 オンラインショッピングでのセッション管理

インターネットで用いられているTCP/IPプロトコルには，セッション層に該当する機能は備わっていません．そのため，TCP/IPで通信を行うアプリケーション（Webアプリケーション）自体にセッション管理の機能を盛り込むことが一般的です．

2.4.6 レイヤ6：プレゼンテーション層

➡ OSIプロトコルでは，ASN.1と呼ばれるルールでデータの意味を定義している．

プレゼンテーション層は2点間のデータ交換の方法ではなく，データの意味とその表現形式を規定しています＊．OSIプロトコルの中では，情報の意味を表す方法を**抽象構文**，それが実際に伝送されるときに使われる

ビット列の表現形式を**転送構文**と呼んでいます．これらの対応関係を規定するものがプレゼンテーション層です．

インターネットで用いられている TCP/IP プロトコルには，プレゼンテーション層に該当する機能が備わっていません．このため，通信機能を利用するアプリケーションプログラムが独自の方法を定めています．

プレゼンテーション層プロトコルに該当するデータ表現形式に関する規約には，例えば日本語のテキストデータを表現する漢字コードの規定（JIS, Shift JIS, EUC, UTF-8 など），画像ファイルの表現形式（JPEG, GIF など），Web ページの記述言語 HTML，汎用のデータ記述言語 XML などがあげられます．

2.4.7 レイヤ7：アプリケーション層

アプリケーション層では，利用者が使うネットワークアプリケーションそれぞれに対応したプロトコルが使われています．利用者がネットワークを介して使うアプリケーションには膨大な種類がありますから，利用されるプロトコルも膨大な種類に上ります．

Web アクセスや電子メールの送信など，インターネットユーザの大多数が用いるような標準的なネットワークアプリケーションではデファクトスタンダードに基づくアプリケーション層プロトコルが用いられますが，発

要点整理 OSI 参照モデルの7階層のまとめ

レイヤ	役割	プロトコルの例
アプリケーション層	ネットワークアプリケーションごとの個々のコマンドやデータ伝送手続きを規定	HTTP, SMTP, DNS
プレゼンテーション層	伝送する情報の意味とその表現形式の対応関係を規定	文字コード（JIS, EUC, UTF-8 など）や HTML, XML など
セッション層	通信の開始から終了に至る全体的なやり取りの流れ（ダイアログ）の管理方法を規定	
トランスポート層	通信の最終当事者間（End-to-End）における高信頼伝送の実現方法を規定	TCP, UDP など
ネットワーク層	直接接続されていない2点間をつなぐための中継に関する諸手続きを規定	IP（IPv4, IPv6），AppleTalk, IPX など
データリンク層	直接接続された2点間の高信頼伝送を実現するための諸手続きを規定．共有伝送媒体の使用権調停手続きを含む．	RS-232C, イーサネット, IEEE 802.3, IEEE 802.1 など
物理層	信号伝送にかかる電気的，物理的仕様を規定	

展途上のアプリケーションや特別な用途に専用で設計されたアプリケーションなどでは独自の設計のアプリケーション層プロトコルが使われます．

アプリケーション層プロトコルの例としては，Web ページのデータ伝送に用いられる **HTTP**（Hyper Text Transfer Protocol），電子メールの配送に用いられる **SMTP**（Simple Mail Transfer Protocol），インターネット上でのホストを識別するためのドメイン名を IP アドレスに変換する **DNS**（Domain Name System）などがあげられます．

> **Column　OSI ワイングラス**
>
> 　OSI 参照モデルは 7 階層に分かれていますが，このうち上位のアプリケーション層やそれを利用するネットワークアプリケーションは日々新しい技術が開発され，新機能が提供されるようになっています．同様に最下位の物理層やデータリンク層でも新しい通信サービスが次々登場し，高機能化が著しい速さで進んでいます．
> 　ところが，第 3 層や第 4 層の中間部分は現代では TCP/IP 方式がデファクトスタンダードとなり，他の方法はほとんど用いられなくなりました．つまり選択肢はほとんどないということです．
> 　この第 3 層や第 4 層の選択肢がほとんどなく，上下の階層では技術革新に伴い選択肢が膨大にある状態を，ワイングラスの形状に例えて **OSI ワイングラス**と呼ぶことがあります．面白い比喩として覚えておくと良いでしょう．

2.5　コネクションの概念

　通信プロトコルの学習で必修の概念の一つに**コネクション**があります．コネクションとは通信相手と**論理的につながった状態**を指し，それぞれの通信機器が相手と接続状態にあるかどうかを認識して，相手の状況を確認しながらメッセージやデータをやり取りすることを想定しています．

　携帯電話を用いた音声通話はコネクション型通信の典型です．電話では，まず相手の電話番号をダイヤルし，発信ボタンを押すと通信回線の接続手順が始まり，相手の電話機のベルが鳴り，相手が着信ボタンを押すとここで初めて通話ができる状態になります．コネクションが成立する前に要件を相手に伝えることはできません．また，要件を伝え終わると終話ボタンで電話を切りますが，このときも通信機器は通話に使用していた回線を解放する作業を裏で行います．このような一連の手続きが「コネクション」ですが，データ通信のプロトコルでもコネクションの概念があります．データ通信の場合は，最初にコネクション状態を成立させるまでの操作を特に「コネクションを張る」などと表現します．

　電話の場合は，携帯電話でも有線電話でもすべてコネクションを張ってから要件の伝達が始まりますが，データ通信のプロトコルでは，コネクションの概念に従って手順を踏んで通信を開始するプロトコルとコネクションをまったく張らずに通信を行うプロトコルの両方があります．前者を**コネ

クション指向のプロトコル（またはコネクション型プロトコル），後者を**非コネクション型**プロトコルと呼び，区別しています（図 2.10）．

コネクションの概念を導入したプロトコルは，レイヤ 2 以上のすべての階層で作ることができます．

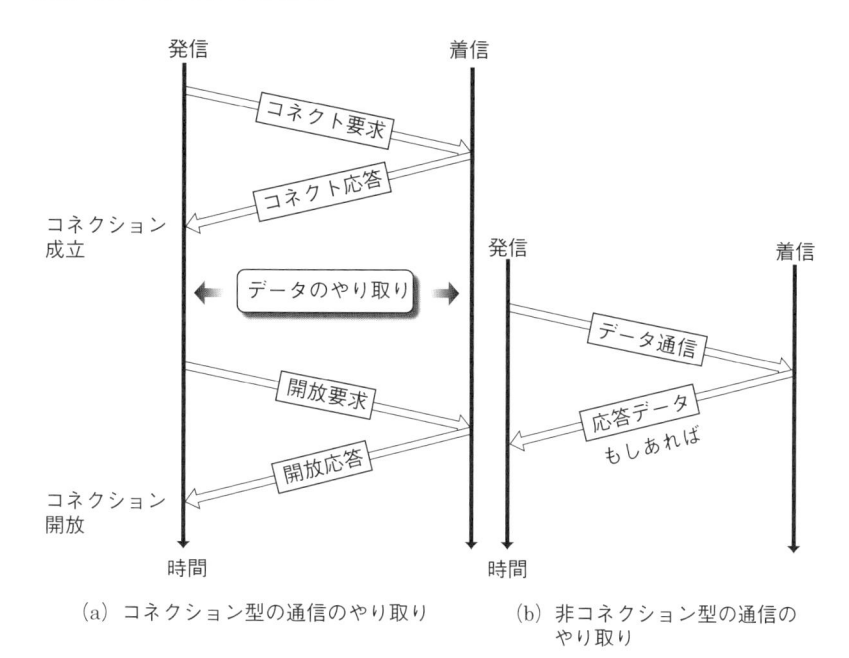

```
発信                        着信                    発信                   着信
 │──── コネクト要求 ────▶│
 │◀─── コネクト応答 ────│
コネクション
成立
 │◀── データのやり取り ──▶│
                                                    │──── データ通信 ────▶│
                                                    │◀─── 応答データ ────│
                                                              もしあれば
 │──── 開放要求 ──────▶│
 │◀─── 開放応答 ──────│
コネクション
開放
 ▼ 時間                   ▼                         ▼ 時間                ▼
  （a）コネクション型の通信のやり取り              （b）非コネクション型の通信の
                                                        やり取り
```

図 2.10　コネクション型通信

2.5.1　コネクション指向のプロトコル

回線交換型のネットワークでは回線を接続する行為がコネクション確立に該当するため，必ずコネクション型のプロトコルに分類されます．一方，パケット交換型のネットワークでのコネクション確立は，その通信手続きで何らかの高信頼化が必要なときに行います．

コネクションを張る操作により，通信の相手方や途中で中継を行ってくれる機器と自身との間で**状態**を通知し合う機能が使えるようになります．これにより，自分が送ったパケットが相手に正しく届いているのかを確認したり，途中の中継装置に余力があるのかどうかなど，通信の信頼性に直接関わりを持つ様々なパラメータを確認できるようになります．

2.5.2　非コネクション型のプロトコル

これに対して非コネクション型のプロトコルは，通信相手や関係する装置の状態をあらかじめ確認することなく，データをただちに相手に向けて送出します．データ伝送で必要となる手続きが最少限で済むため，装置が

通信手順を解釈するときに要する計算能力（CPU 能力）が少なくて済み，同じ CPU 能力の機器であればより高速な通信が可能になります．一方，相手がデータを受け取る準備ができていない場合もあり，一部が欠落して届くような可能性も考えられます．このため，一般的には非コネクション型プロトコルでは信頼性の確保は保証されません．

信頼性が保証されていないような通信は，一見，使い道が無いように思われますが，実際のコンピュータネットワークでは頻繁に利用されています．その用途としては，

- 動画や音声など，データの一部分が欠落しても問題にならない場合
- より上位のレイヤのプロトコルがコネクション型通信を行う場合

などが代表的です．このことについては第 5 章で詳しく説明します．

コネクション型と非コネクション型をどの階層で使い分けるかは，プロトコル設計の根幹に関わる重要なポイントです．一般のネットワークユーザがこのようなプロトコル設計に気をつかうことはまずありませんが，設計思想を学ぶ上ではとても重要な概念と言えるでしょう．

要点整理　コネクション

- 関係者が互いに論理的につながった状態
- 相手の状態を把握し，適切な措置を講じる
- レイヤ 2 〜 7 で考えられる
- 高信頼通信を行うには必須の概念
- 必ずしも各階層すべてで実現する必要はない

調査課題

1. 国際電気通信連合（ITU）が定めている通信プロトコルの例を二つ調査し，その概要を報告しなさい．

2. 米国電気電子学会（IEEE）が LAN 関係のプロトコル標準化を IEEE 802 委員会で決めています．IEEE 802.3，IEEE 802.11 について概要を調査して報告しなさい．

3. 動画や音声の通信は非コネクション型通信で行う場合がほとんどですが，なぜそれで問題が無いのか調べて議論しなさい．

4. コネクションを張るとなぜ高信頼伝送ができるのか，調査して議論しなさい．

第3章 データリンク層プロトコルの主要技術

第3章では，データリンク層プロトコルで用いられている主要技術について説明します．データリンク層の規定は多岐にわたるため，一般的にはこれをさらに二つのレイヤに分割して規定します．このうち，物理層に近い方がメディアアクセス制御副層（MAC層），ネットワーク層に近い方が論理リンク制御副層（LLC層）です．MAC層は共有伝送媒体の使用権の調停を主に担当します．LLC層ではフレームの構造定義や通信上の誤りの回復などを担当します．

3.1 ネットワークトポロジ

データリンク層では，物理層を介して接続され，相手と直接やり取りを行う2地点間でのデータ伝送の方法が規定されています．2地点間がその通信相手と専用のケーブルで結ばれているなら話は簡単ですが，多数の相手と通信する可能性があるコンピュータでは，1本のケーブルに様々な相手宛のデータを混在させて送ります*．また，1本のケーブルには様々な機能をもったたくさんの機器を接続します．

➡例えば，パソコン，ネットワークプリンタ，ネットワークカメラ，スキャナ，ファイルサーバなど．

このようなネットワーク機器はいずれもCPUを搭載したコンピュータで，それぞれに内蔵されたソフトウェアによって独自の通信を行います．同じケーブルにたくさんの機器がつながっていますから，通信するデータが誰から誰に宛てたものかが確実にわかるよう，パケット交換方式でデータの送信を行います．また，それぞれの機器はパケットを送信するタイミングを互いにずらして，ネットワーク上で各機器が送出するパケットがぶつからないようにしなければなりません．

各機器が送出するパケットのタイミングを調整し，衝突などを防ぐ仕組みが共有伝送媒体の**使用権調停**と呼ばれる考え方です．これを担当するプロトコルがMAC（Media Access Control）層ですが，MAC層の技術を理解するには，まずネットワーク機器同士の相互接続の形態を分類する必要があります．この相互接続形態を**ネットワークトポロジ**（Network Topology）と呼びます．

代表的なネットワークトポロジを図3.1に示します．大規模なネットワークを組むときは，図のトポロジを組み合わせてそれぞれの特徴を活かして使います．

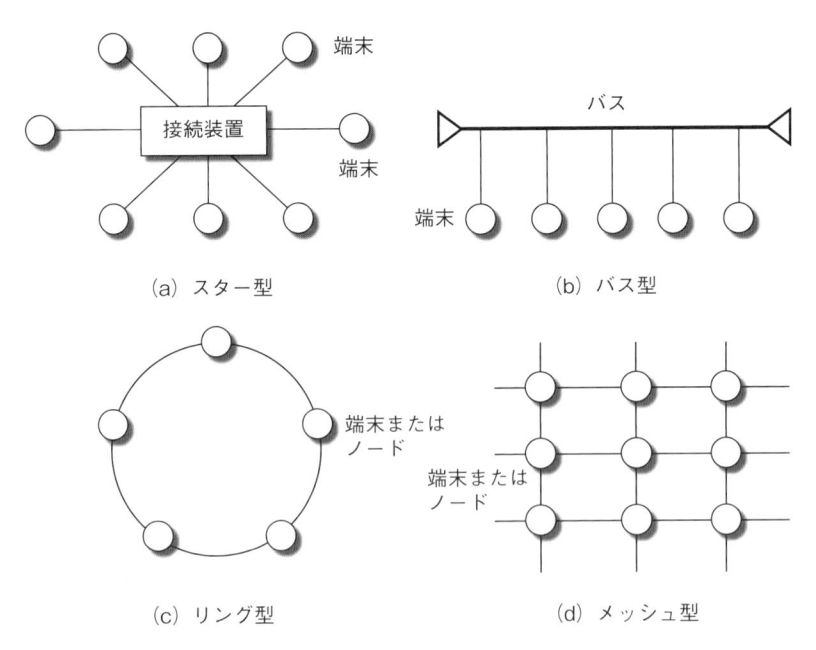

(a) スター型
(b) バス型
(c) リング型
(d) メッシュ型

図3.1　ネットワークトポロジの代表例

① スター型トポロジ

➡ハブ (hub) と呼ぶ. 自転車の車輪の中心部分もハブと呼ぶ.

中央に各機器を相互につなぐ**接続装置***があり，各機器が個別のケーブルで接続されます．この方式では機器の増設や撤去が容易ですが，中央の接続装置が壊れるとネットワーク全体が使えなくなるという問題があります．現代の有線接続の LAN システムでは，一般の利用者が用いるコンピュータはほぼ例外なくこのトポロジでネットワーク接続を行います．また，家庭の有線電話網も，電話局を接続装置と考えればスター型トポロジとなります．

➡上り（アップリンク），下り（ダウンリンク）と呼ぶこともある．

➡これに対して送信と受信が同時にはできない方式を半二重（half duplex）と呼ぶ．

スター型トポロジを構成しているケーブルは個々の機器に出入りする信号を伝えるだけなので，その機器に専用の信号線です．したがって，この方式は回線交換でもパケット交換でも利用できます．信号がケーブル上で衝突しないようにするため，普通は各機器から接続装置に信号を送る線と接続装置から各機器に信号を送る線を別々に設けます*．こうしておくと，データを送信しながら同時に受信する**全二重通信**（full duplex）が可能になります*．

② バス型トポロジ

バス（bus）型では1本の伝送媒体を参加者で共有します．乗合バスが乗客を運ぶ形態に似ているためにバス型と呼ばれています．ただし，実際の乗合バスはたくさんの人が同時に乗車できますが，バス型トポロジでは，

ある瞬間に伝送媒体を利用できる機器は1台だけで，この1台が伝送媒体の伝送能力を独占します．独占状態が長く続くと他の利用者が困るので，パケット交換方式により独占状態が短時間で解放されるようにします．ある瞬間にどの機器がパケット送出権を獲得するかを調停する方法に様々な工夫が凝らされています．

　バス型では，スター型と同様に機器の増設や撤去が容易ですが，それぞれの機器が出すパケットはネットワークに参加するすべての機器に届きます．このため，各機器にとって不要なパケットを除去する機能が必要になります．また，1本の伝送線路の伝送能力を参加者全員で分けあうため，高速・大容量の通信にはあまり適していません．各機器のパケット送出機会の公平性を確保したり，逆に意図的な優先度を付加するには，工夫が必要となります．

　私たちの身近な範囲では，無線LANを用いた小規模なネットワークがバス型ネットワークの代表例と言えるでしょう．バス型接続では，ある機器がパケットを送信中は，他の機器はもちろんその機器自身もデータを受信できません※．

➡ 半二十通信 (half duplex) になる．

③ リング型トポロジ

　各機器が環状に接続された形態がリング型です．データはリング上を一方向にだけ流れます．このため，各機器はデータの送信・受信とともに，上流から流れてきたパケットを下流に中継する機能が必須となります．

➡ リングを一度切断しないと機器の増設ができない．

　リング型トポロジでは，機器の増設や撤去が簡単にできないという問題があり，職場のパソコンなどを直接つなぐことには適していません．また，ネットワークの一部が切れるとネットワーク全体の機能が停止してしまうので，バックアップの方法に工夫が必要となります．

➡ リング型ネットワークの代表例であるFDDIでは，1周が100Kmまでのネットワークを構築できる．

　その代わりにリング型では，伝送媒体のデータ伝送能力をほぼ100%無駄なく利用でき，また，ネットワークの総延長をとても長く設計できる利点があります．このため，リング型トポロジは一般利用者が直接使うのではなく，大規模ネットワークの幹線部分でよく利用されます．

④ メッシュ型トポロジ

　メッシュ型は各機器が互いに複数の相手方と接続し，全体として一つのネットワークに見えるようにしたものです．このトポロジでは各機器に三つ以上のネットワークインタフェースが必要になりますが，それぞれの機器を接続する伝送線路の速度を必ずしも同一に保つ必要がなく，データ流量が多いところは高速回線を用い，少ないところは低速で安価な回線を用いるなど設計の自由度が生まれます．このため，全国規模の大きさのネットワークを構築する際によく用いられています．

要点整理　ネットワークトポロジ

スター型
- 機器の着脱容易
- 接続装置が壊れると全滅
- オフィス環境向け

バス型
- 機器の増設・撤去が容易
- 全員で伝送能力を分け合う
- 無線LANがこれに該当

リング型
- 機器の増設・撤去が困難
- 伝送能力が高い
- 幹線ネットワーク向け

メッシュ型
- 高信頼
- 速度が一様でなくてもよい
- 大規模拠点間接続向け

3.2　CSMAとイーサネット

　前節で紹介したネットワークトポロジのうち，バス型トポロジを詳しく見てみましょう．バス型では一つの伝送線路を複数の機器が共同で使いますが，同時には一つの機器しかパケットを送出できません（図3.2）．もし二つ以上の機器が同時にパケットを送信すると，ネットワーク上で**衝突**（collision）が起こります．パケットが衝突すると，一般的には衝突した両方のパケットデータがランダムに書き換わってしまい，信号を送った意味がなくなってしまいます．

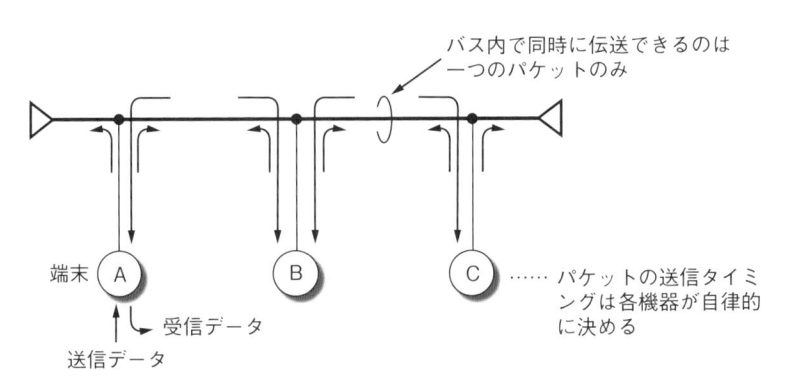

図3.2　バス型ネットワークモデル

衝突が起こらないようにするには，次のような方法が考えられます．

① 各機器が順番に送信権を獲得する

何らかの方法を用いて，ネットワークに接続された機器に**送信権**を順番に与え，送信権を獲得している機器だけがパケット送信を行います（図3.3）．送信権を参加者間で巡回させる方法には色々な方法がありますが，**トークン**と呼ばれる特別な短いパケットを参加者間で順に受け渡しして，トークンをつかんでいる機器だけが送信権を獲得する**トークンパッシング方式**（token passing）がよく知られています．

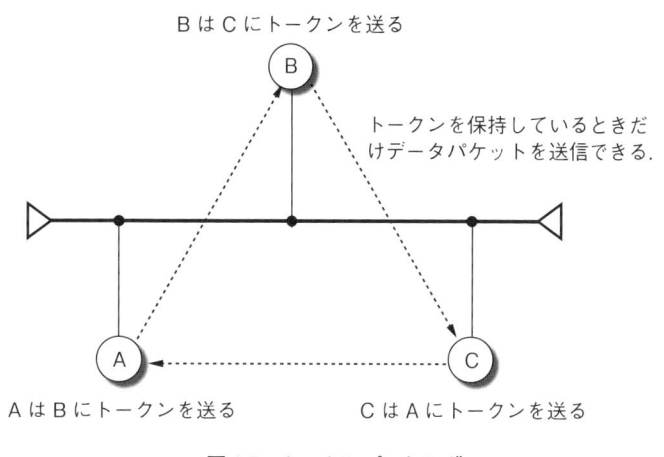

図3.3　トークンパッシング

② 他の機器が送信中でないことを確かめてから送信を始める

トークンパッシング方式では何らかの理由でトークンが壊れたり紛失する可能性があり，そうなると誰もパケットを送信できなくなって困ります．そこで，ネットワーク参加者のうち1台にトークンの流通状態を監視させますが，ネットワーク参加者の一部に特別な機能を持たせるやり方はその機器への依存性が高まるためあまり好まれていません．

そこで，バス型ネットワークではネットワークに参加する各機器が自律的に送信権を譲り合う方法がよく用いられています．その代表的な方法が**CSMA**（Carrier Sense Multiple Access）です．

CSMA方式に従う機器は，送信すべきパケットの用意ができると，まず伝送線路の状態を観測し，他の機器がパケットを送信していないことを確認します．この動作が**キャリアセンス**（carrier sense）で，図3.4にその原理図を示します．**キャリア**とは，送信しているパケットの信号成分のことを表しています．キャリアが観測されたなら他の機器がネットワーク上にパケットを送信中であると判断し，それが終了するまで待ってから信号送信を始めます（図3.5）．

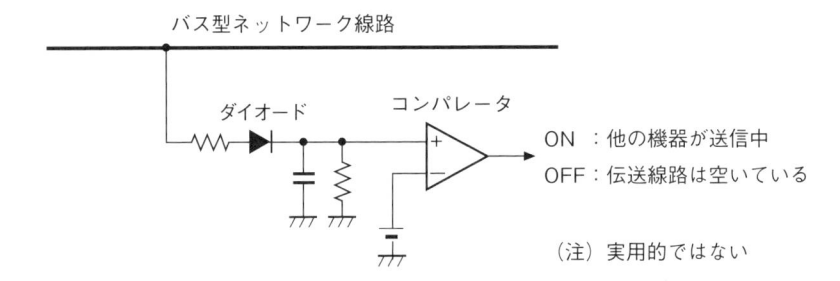

図 3.4　簡単なキャリアセンス回路

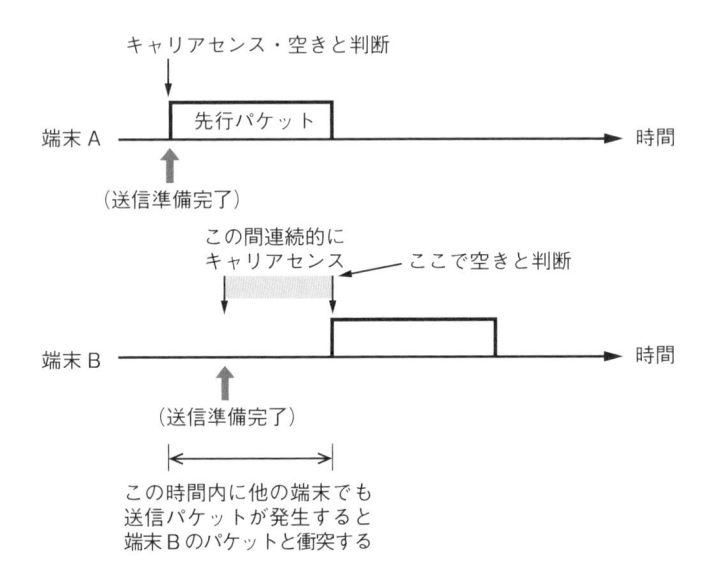

図 3.5　各機器の動作タイミング

　一般的な職場や家庭で用いられているネットワーク機器では，**イーサネット**（Ethernet）と呼ばれるネットワーク規格がよく用いられています．イーサネットはバス型ネットワークの利用を前提として MAC 層プロトコルが定められていますが，この節で述べた CSMA 方式に加えて，パケット送出中にも衝突を検知する機能を備えた **CSMA/CD**（CSMA with Collision Detection）方式が用いられています．

Column　CSMA方式とネットワークの遅延

CSMA方式では，パケット送出前に他の機器がパケットを伝送媒体に送信していないかを確認してから送信を始めます．これによりパケットの衝突は起こらなくなると考えがちですが，実際はCSMAを用いてもパケット衝突の確率をゼロにはできません．理由は，信号が流れる速度は無限大ではないからです．

図3.6のように，伝送線路上の離れた場所に機器がつながっている状況を考えてみましょう．コンピュータAはサーバBと通信しようとしていますが，Aから出発したパケットはBだけでなくコンピュータCの方向にも伝わっていきます．このとき，信号はケーブル上をおおむね光の速さと同程度の速度※で伝わってきます．

➡銅線の中を信号が流れる速さは光速の約2/3．

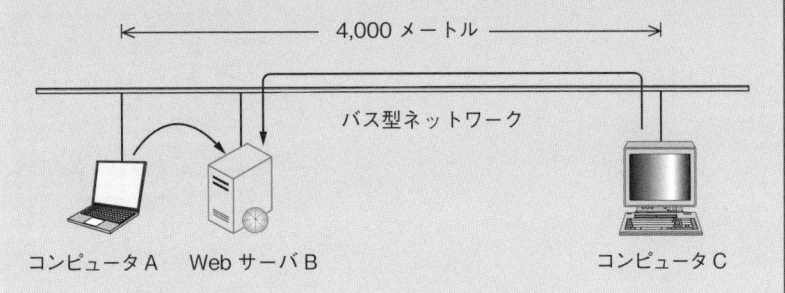

図3.6　CSMAでも衝突は起こる

ここで，Aが送信を始めて10マイクロ秒後にCがサーバB宛のパケット送信準備を整えてCSMAを行ったとしましょう．光の速さでAからパケットが飛んできても，秒速30万キロメートルの速度では10マイクロ秒で3,000メートルしか進みません．すると4,000メートル離れたCではAからのパケットはまだ届いていないので，Cは伝送媒体を誰も使っていないと判断し，パケット送出を始めてしまいます．これにより，伝送媒体上で衝突が起ります（図3.7）．

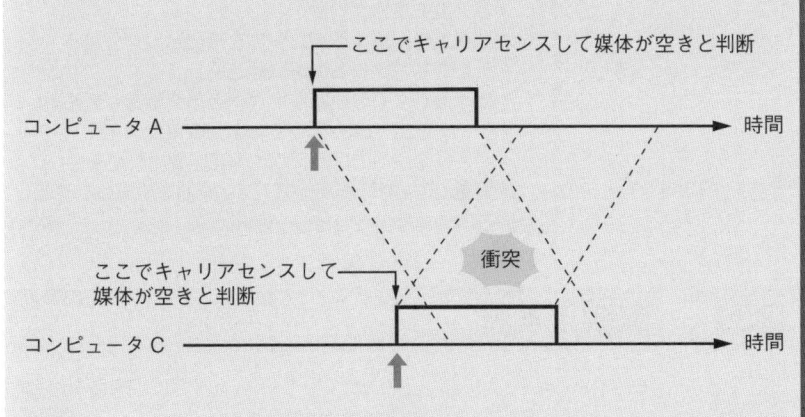

図3.7　衝突タイミング

実際にはCSMAの判定にも時間がかかりますから，この例より短い距離でもパケットの衝突が起こります．このように，CSMA方式ではネットワークの総延長が長くなるとパケットの伝搬遅延が無視できなくなり，衝突が頻繁に起るようになります．

CSMA/CD のパケット衝突検出機構は単純です．図 3.8 に示すように，各機器がパケットを送信しながら同時にパケットの受信も行い，送信したデータと受信したデータの「0 と 1」に相違がないかどうかで確認します．もしパケットが衝突すると受信データの値がランダムに書き変わってしまうため，このような単純な方法で衝突検出が行えます．

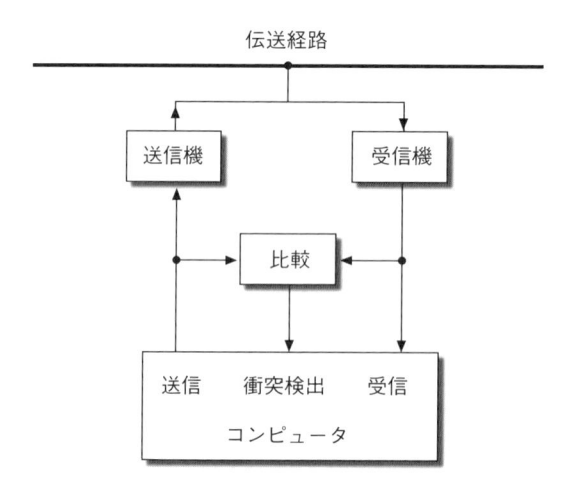

図 3.8　CSMA/CD 用回路ブロック

> **要点整理　CSMA**
> - バス型トポロジ向け
> - 送信前に回線を観測、空きを確認してから送る
> - それでもパケット衝突は起こる
> - 端から端までの距離が大きいと衝突確率も大きい
> - データ速度が速くなっても衝突確率が増える
> - イーサネットでは衝突検出 (CD) 機能を組み合わせる
> - 無線 LAN では衝突回避 (CA) 機能を組み合わせる

3.3　無線 LAN

CSMA 方式を用いるもう一つの代表的な例が**無線 LAN** です．無線 LAN は半径数十メートル～100 メートル程度の範囲をワイヤレスで接続する技術で，無線 LAN 機能を持った機器同士だけをつなぐ使い方[*]と，**アクセスポイント**（AP）と呼ばれる中央接続装置を介して無線装置をイーサネットに接続する方法[*]があります．また，AP をたくさん設置して接続範囲を広域化することもできます（図 3.9）．

　無線 LAN でも CSMA により送信権調停が行われますが，有線ネットワークの衝突検出（CD）に相当する機能は無線 LAN では使用できません．有線 LAN では信号の伝搬距離が長くなっても信号はあまり減衰しないので，

➡ アドホックモード．

➡ インフラストラクチャモード．

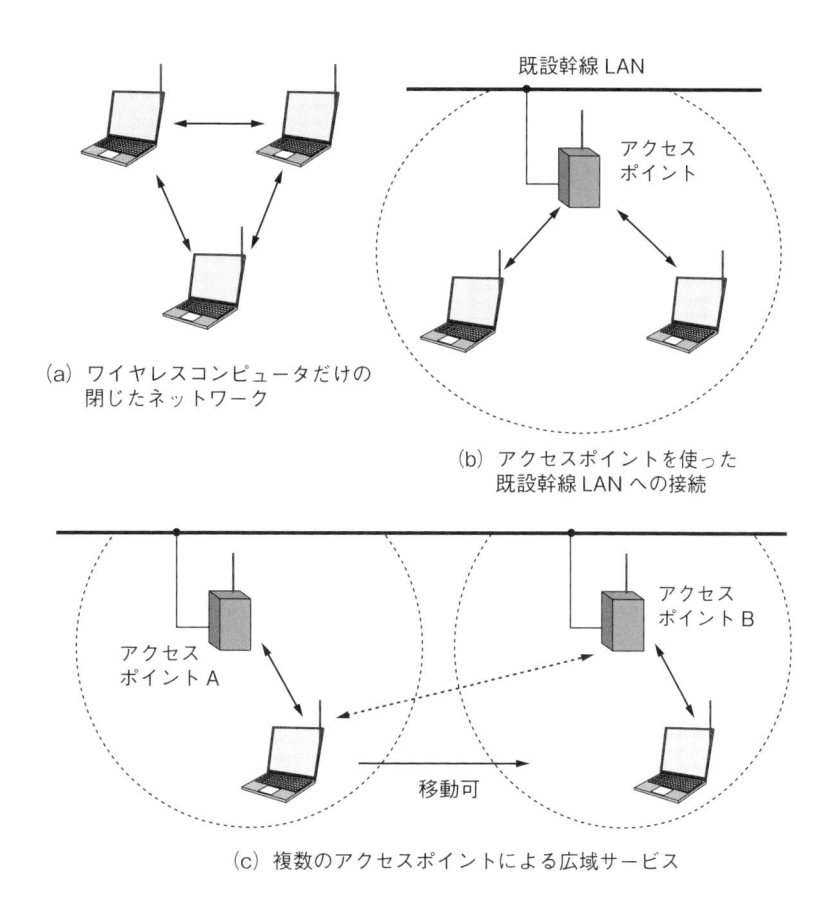

図 3.9　無線 LAN の利用形態

　信号の送信と受信を同時に行えます．しかし，無線伝送では信号は短い距離を伝搬するだけで著しく減衰するため，送信信号の振幅値と受信信号の振幅値の差が大きすぎて，送信中は同時に同じ周波数の受信ができないためです．

　そこで無線 LAN では，CSMA/CD に代えて CSMA/CA（Collision Avoidance，衝突回避機能）を用います．CSMA/CA ではパケットの衝突発生確率をできるだけ下げるために，パケット送出前にある程度の時間にわたって他の機器からの信号が無いことを確認し，その後にパケットを送出します．図 3.10 に記載されている T_a という長さの時間がこれに該当します．しかし，それだけでは先行パケットの送信中に 2 台以上のコンピュータの送信準備が整うと，T_a 秒経過した後にそれらのコンピュータが一斉にパケットを送出して衝突が起こるので，T_a に加えてコンピュータごとにランダムな時間遅延を経て送信することになっています．また，パケットを受け取った側は ACK と呼ばれる受信確認パケットを返送して，パケットが届いたことを送信者に通知します．

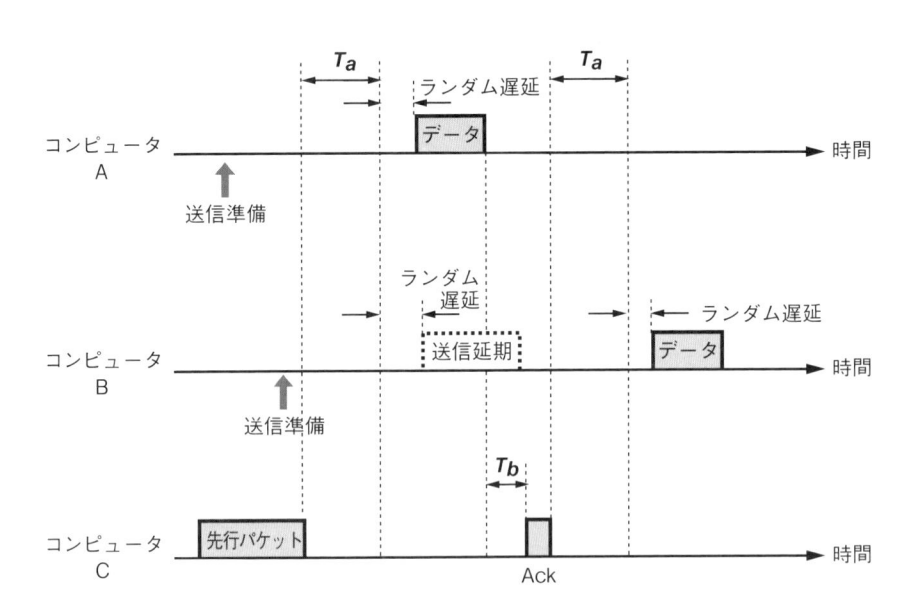

図3.10　CSMA/CA方式

　また無線LANでは，図3.11に示すように中央に置かれたAPではサービスエリアに入っているすべての装置の信号が受信できますが，アクセスポイントのサービスエリアの両端に位置する装置間では距離が遠すぎて信号が到達できない場合があります*．すると，この二つの装置AとBの間ではCSMAは機能しないことになり，パケット衝突の可能性が高くなってしまいます．そこで，このような場合にもCSMAが機能するように付加的なメディアアクセス制御方式が規定されています．他にも，送信する信号がたいへん複雑な変調方式で作られているなど，その動作は有線接続のLANとはまったく異なった構造と技術が用いられています．

➡このような条件にある二つの装置のことを隠れ端末と呼ぶ．

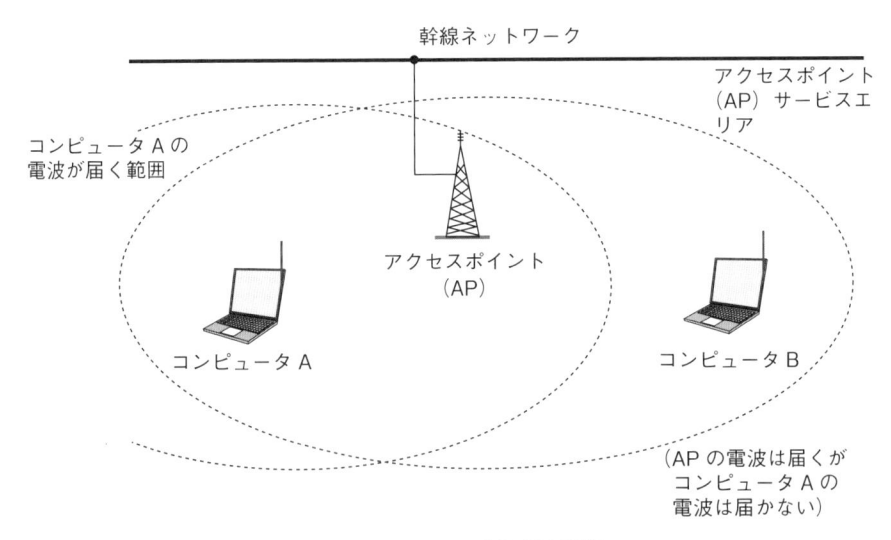

図3.11　隠れ端末問題

3.4 トラフィックとスループット

CSMA やその他の方式で一つの伝送線路を共同で利用するとき，様々な方法を数値で比較できる尺度があると便利です．この節では，方式比較のための尺度について考えてみましょう．

CSMA のようなメディアアクセス制御副層の方式比較では，**スループット特性**と呼ばれる値が比較によく用いられます．スループット特性とは**スループット値**を**トラフィック値**の関数としてグラフに表したもので，同じトラフィック値において高いスループット値が得られる方式が優れています（図 3.12）．

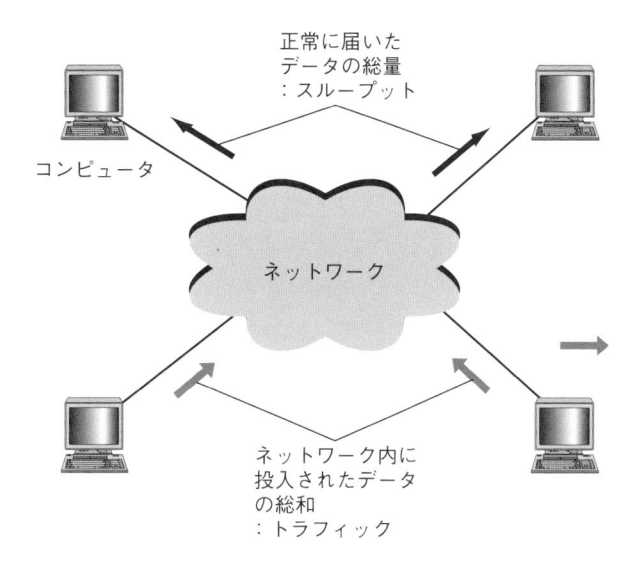

図 3.12 トラフィックとスループット

(1) トラフィック

トラフィックは，単位時間に発生した「送るべきパケット」の総データ量（ビット数）をそのネットワークの物理伝送速度で正規化したものです．例えば物理伝送速度が 100M ビット／秒であるようなイーサネット上で，ネットワークに参加する各装置の送出データ量が 50M ビット／秒あったとすると，トラフィック値は 0.5 となります．

理想的なメディアアクセス制御の下では，トラフィック値が 1 以下なら発生したトラフィックは問題なく受信側に届きます．トラフィック値が 1 を超えた場合はすべてのパケットを宛先に届けることが不可能となり，一部に送達の遅れや不達（パケットロス）が生じます．トラフィック値は理論的には $0 \sim \infty$ の範囲の値になります．

② スループット

スループットは，目的の宛先まで正常に届いたパケットの総量を物理伝送速度で正規化したものです．ですから，スループット値は必ず 0 ～ 1 の範囲となります．また，投入されたトラフィック値より大きくなることは決してありません．トラフィックが 1 までであれば理想的にはトラフィック値とスループット値は等しくなりますが，実際にはパケットの衝突が起こった結果，再送を行ったり雑音でパケットが失われたりするので，スループット値の方が必ず小さくなります．

③ スループット特性の一例

➡図 3.13 は，Non persistent CSMA と呼ばれる方式の例．

図 3.13 にスループット特性のグラフの一例を示します＊．横軸にトラフィック値を対数表記し，縦軸にスループット値を取ると，多くの方式で山形のカーブが描かれます．つまり，トラフィック値とともにスループットも単調に増加しますが，あるトラフィック値を境としてそれ以上は逆にスループットが下がる傾向が生まれます．これはネットワークが激しく混雑し，パケットの衝突が頻繁に起こって再送回数が増え，再送によってネットワークの混雑がさらに増すためです．

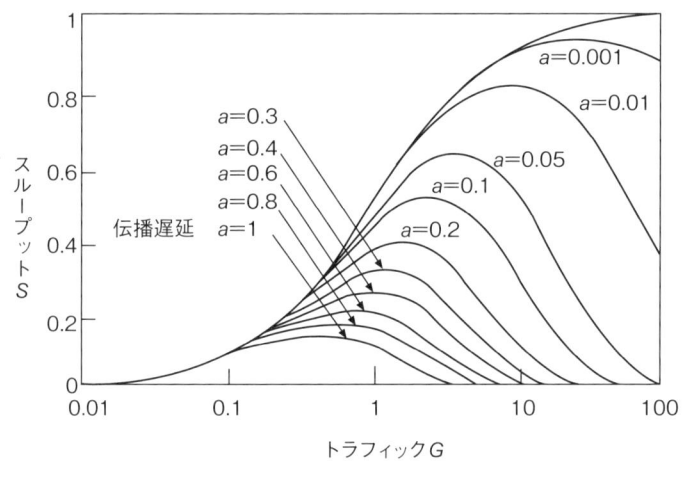

図 3.13　スループット特性の一例

図では，伝搬遅延「a」と書かれたパラメータによって特性が大きく変化しています．このパラメータ「a」は，ネットワークケーブルの端から端までパケットが伝搬する場合に必要な所要時間をそのパケットの送出所要時間（パケット長のビット数÷物理伝送速度）で正規化した値です．遅延が大きなネットワークでは CSMA 方式を用いても衝突が起ることを 3.2 節で述べましたが，a が大きくなるとスループットが大幅に低下することがわかるでしょう．

> **要点整理　トラフィックとスループット**
>
> - 投入されたデータ総量がトラフィック値である.
> - 宛先まで正常に届いたデータ総量がスループット値である.
> - いずれも伝送線路の物理速度で正規化する.
> - スループットは 1 を超えない.
> - トラフィックが過大になると一般にスループットは低下する.

3.5 高速化と長距離化の両立

➡送出する順序を制御する専用装置が必要ないということ.

　CSMA は自律的なメディアアクセス制御*の代表的な方法で，事務室などで PC を収容する際の理想的な特徴を備えています．しかし前節で述べた通り，パケット長（送出所要時間）に対する伝搬遅延時間が長くなるとスループット特性が著しく劣化します．LAN ケーブルの全長が長くなることと信号の通信速度が上がることが，同様にスループットに影響を与えることになります*.

➡ケーブル長を 10 倍にすることと，伝送速度が 10 倍になることが同じ影響を及ぼす.

　この問題について，オフィス環境のような比較的狭い範囲で利用するネットワークでは様々な解決策が実用化されています．しかし，企業の拠点と拠点をつなぐような長距離のネットワークでは CSMA では根本的な無理があり，用いられていません．長距離のネットワークでは 1 本のネットワークケーブルにパケットを送出する送信部が二つ以上接続されないようにして，パケットの衝突が原理的に発生しないようにします.

　このような状況で用いられるネットワークトポロジは，リング型やメッシュ型となります．これらのトポロジでは接続機器間の距離に関する制約はほとんどなく，都市の間を結ぶような長距離ネットワークが構築できます．

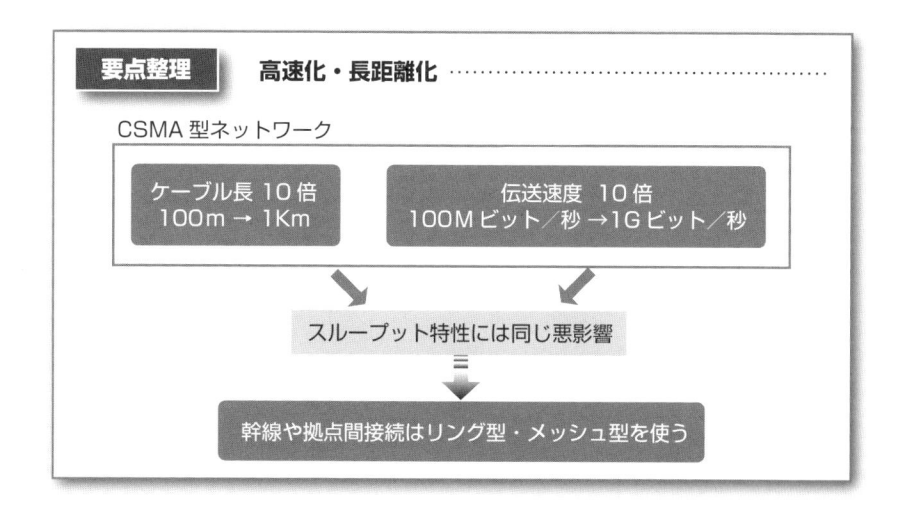

> **要点整理　高速化・長距離化**
>
> CSMA 型ネットワーク
>
> | ケーブル長 10 倍　100m → 1Km | 伝送速度 10 倍　100M ビット／秒 → 1G ビット／秒 |
>
> ↓　　　　　　　　　↓
>
> スループット特性には同じ悪影響
>
> ↓
>
> 幹線や拠点間接続はリング型・メッシュ型を使う

3.6 フレーム形式

データリンク層では，直接接続されている2点間に高信頼なデータ転送機能を提供します．一般的な手順としては，あらかじめ一定サイズに分割されたデータに対して**ヘッダ情報**と**トレーラ情報**を付加し，決められたフォーマットのフレームの形にして送出します[*]．ヘッダには，

- フレームの先頭位置を知らせる情報
- 送信元や宛先の識別番号（アドレス情報）
- データの中身が何であるかを示す情報
- 何番目のフレームであるかを示す順序番号

➡ ヘッダはデータに先行して送信される部分，トレーラはデータの後ろに付加される部分．

などが記載されています．また，トレーラには3.9節で説明する誤り検出のための情報（FCS：Frame Check Sequence）を挿入します．図3.14は，現代のほとんどのパーソナルコンピュータで標準的に用いられているイーサネットのフレーム形式を示しています[*]．

➡ イーサネットのフレーム形式は数種類あるが，ここでは代表的な形式のみ記載．

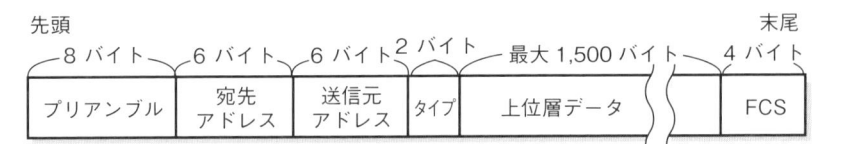

```
先頭                                                         末尾
 8バイト   6バイト   6バイト  2バイト   最大1,500バイト   4バイト
┌────────┬────────┬────────┬──────┬──────────────────┬──────┐
│プリアン │ 宛先   │ 送信元 │タイプ│   上位層データ   │ FCS  │
│ブル    │アドレス│アドレス│      │                  │      │
└────────┴────────┴────────┴──────┴──────────────────┴──────┘
```

プリアンブル：「10101010」の固定パターンの信号を8回送る．ただし，最終バイトは「10101011」としてフレームの開始位置を知らせる
宛先アドレス：48ビット長のMACアドレス
送信元アドレス：48ビット長のMACアドレス
タイプ　　　：上位層データの種類を示す．例えばIPv4なら16進数で「0800」となる
FCS　　　　：フレームチェックシーケンス．宛先アドレスから上位層データ部までのCRC

図3.14　イーサネットフレームの構造

イーサネット以外では**HDLC**（High level Data Link Control）と呼ばれる方式もよく使われています．こちらは2点間を専用に接続するネットワークなどで好んで用いられますが，HDLCを基本とした方式は銀行ATMやコンビニのレジ端末，携帯電話など生活のあらゆる場面で利用されています．

イーサネットとHDLCでは想定している用途が異なるため，送信元や宛先の識別番号のビット数が大きく異なりますが，それ以外にもHDLCには順序番号の概念があり，イーサネットにはそれがないという大きな相違があります．順序番号の概念があるプロトコルでは，フレームの伝送中に誤りが生じた際にそれを自動的に修復する機能が実現できます．

> **Column** MACアドレス
>
> データリンク層で相手の識別に用いる番号がMACアドレスです．二つの通信機器だけを対向で結ぶなら番号で識別する必要はありませんが，イーサネットのように伝送線路に複数の機器がつながる場合は，識別番号が必須です．
>
> 　MACアドレスは48ビットの長さがあります．このうち前半の24ビットはOUI（Organization Unique Identifier：通称はベンダコード）と呼ばれ，通信機器やネットワークインタフェースのハードウェアを製造している会社（ベンダ）が管理団体から番号の割り当てを受けて使います．後半の24ビットはそれぞれのベンダが社内で製品ごとに重複がない番号を割り当てます．MACアドレスは48ビットの値ですが，人がこれを読んだり記録する必要があるときは8ビットずつに区切り，16進数で表現します．MACアドレスは，ハードウェアベンダから製品が出荷される時点で同じ番号の製品が世界に二つ存在しないように設定されています．
>
> 　私たちが利用するPCのネットワークインタフェースにもMACアドレスは割り当てられています．Windows 7のOSであれば，このMACアドレスはWindowsコマンドプロセッサを起動して「**ipconfig /all**」コマンドをタイプすると確認ができます*．

➡マイクロソフト社はMACアドレスを物理アドレスと呼んでいる．

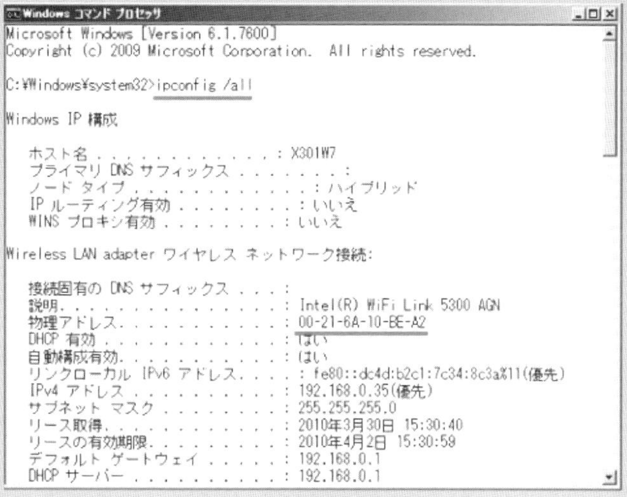

図3.15　MACアドレス

3.7　自動再送要求（ARQ）

　フレームを受け取る受信側は，受信したフレームの中にあるFCSの値を見て，受信したフレームにデータ誤りが含まれているか否かを検査します．誤りが見つからなければそのままデータを受け入れ，データを受け入れた旨の通知を送信側に返します．誤りが発見されたときはそのデータを破棄し，送信側に対して同じデータフレームをもう一度送り直すように要求するパケットを送ります．これが**自動再送要求**（ARQ：Automatic Repeat reQuest）です．データを受け入れたことを示すパケットのことを**ACK**（Acknowledgment：肯定応答），再送要求を**NAK**（Negative Acknowledgment）と表します．

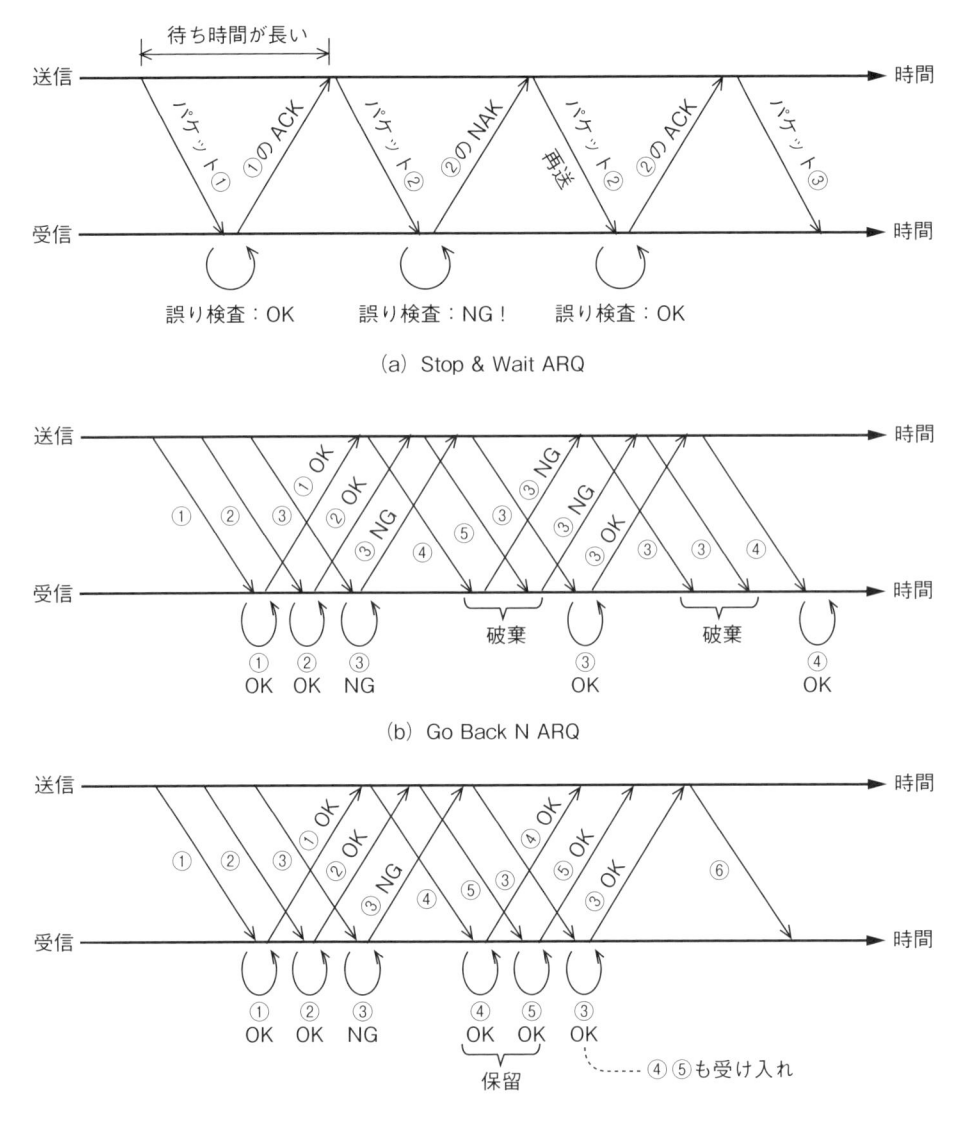

図 3.16　各種の ARQ 方式

ARQ にはおおまかに 3 種類の方法があります（図 3.16）．最も単純な方法は (a) の **Stop & Wait** と呼ばれる方法で，フレームを一つ送るごとに ACK または NAK の応答を受け取ります．ACK または NAK が戻ってくるまで次のフレームの送信を行いません．この方式はたいへん単純ですが，フレームをやり取りする装置間の伝搬遅延が大きいと応答を受け取るまでの待ち時間が長くなり，伝送効率が極端に低下します．

(b) は **Go Back N** と呼ばれる方式です．受信側から ACK や NAK の応答を受け取るまでに，あらかじめ決められた数を上限としてフレームを

先送りします．受信側でフレームに誤りが発見された場合，受信側はN番目のフレームに遡ってパケットを送り直すよう，送信側に依頼を行います．つまりGo Back N方式では，一度フレームの誤りを発見すると，送信側から先送りされているそれ以後のフレームをすべて破棄し，誤りがあったところから再度送り直すよう要求します．

　Go Back N方式の手順では正常に受信したパケットを破棄しなければならないこともあり，無駄なように見えますが，受信側の操作が簡単化できる利点があります[*]．ただし送信側では，ACKを受け取る前に先送りしたパケットはすべて送り直しできなければなりません．このため，先送りしたフレームはすべて記憶しておき，要求に応じて後から再送できるようにします．つまり，先送りフレーム数に相当する**バッファメモリ**が必要になります．

　(c)は**Selective Repeat**と呼ばれる方式です．Go Back N方式において正常に受信できたパケットを破棄してしまわず，受信に失敗したフレームの順序番号を送信側に伝え，そのフレームだけを選択的に再送要求します．通信効率は高くなりますが，到着フレームの順序を入れ替える機能が受信側に必要になり，動作が多少複雑になります．

➡ 受信したパケットの順序を並べ替える必要がなくなる．

要点整理　ARQ

Stop & Wait	・1パケットごとに応答確認 ・もっとも単純 ・遅延が大きいと非常に遅い
Go Back N	・数個まとめて先送り ・誤りがあるとそこから送り直し ・受信側はバッファ不要 ・送信側は先送り分のバッファ必要
Selective Repeat	・数個まとめて先送り ・誤りがあるとそれだけ送り直し ・送受信両側にバッファ必要 ・受信側は順序入れ替えが必要

3.8　イーサネットと高信頼伝送

　イーサネットのフレームには順序番号を表す部分がなく，ARQを用いた高信頼化の機能[*]はイーサネットには存在しません．ただし，後述するFCSのチェックだけは受信側で行い，フレーム内に誤りを発見するとそのフレームを破棄する機能だけは備わっています．ですからARQを行わないとはいえ，誤ったデータが伝わることはありません．フレームが欠落するとデータ伝送に支障が生じるように見えますが，この不都合はより上

➡ CSMA/CDでフレームの衝突を検出して送り直す機能はある．

位のレイヤのプロトコルが修復します.

イーサネットがこのような簡易な手続きをとる理由は，データの誤りが頻繁に起こる回線を使用することを想定していないためです．順序番号を用いて ARQ を行うには，2.5 節で説明したような**コネクション指向**の手続きが必要で，通信に先立ってコネクションを張る操作が余分に必要となります．ですから，多数の相手と少量のデータのやり取りをする場合には，大きな**オーバヘッド**★となってしまいます．

★無駄になる部分のことを指す.

一方，携帯電話ネットワークなどでは無線を用いて比較的長い距離の伝送を行いますが，無線通信ではビット誤りがたいへん高い確率で発生します．そこで，携帯電話ネットワークの無線部分ではフレームにすべて順序番号をつけて，無線区間では ARQ を行うように工夫しています．

3.9 誤りの発見

データリンク層におけるフレームの誤り発見は，**検査記号**と呼ばれる情報伝達を目的としない余分なデータをパケットに少量追加することで実現します．イーサネットなどでは検査記号の部分を **FCS**（Frame Check Sequence）と呼んでいます．

検査記号は，送信側において送るべき情報データ（情報記号）に決められた演算を施して作成し，パケットに付加します（図 3.17）．受信側では届いたパケットを用いて再び同じ演算を行い，受け取った検査記号と比較して同一なら誤りがなかったものとします．誤りがなかった場合には，送られてきた検査記号と受信側で再計算した演算結果は必ず一致します．逆に両者が一致していても，情報データに誤りがなかったとは 100%保証はできません．これは，誤りのパターンによって稀に検査記号が同一の値になってしまう場合があるからです．

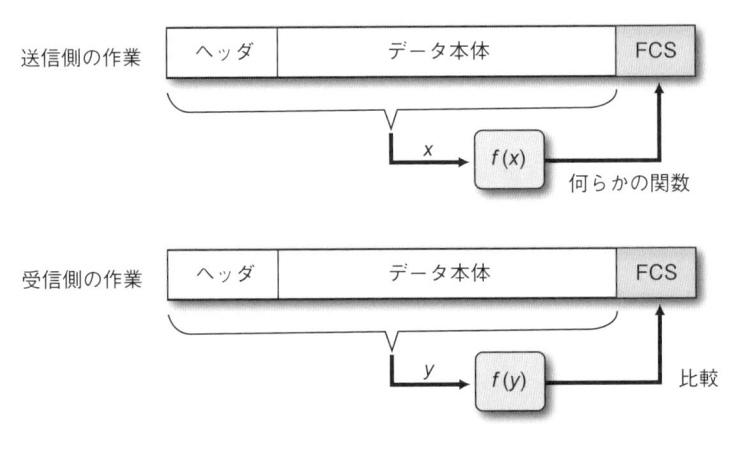

図 3.17　FCS の作成と比較

3.9 誤りの発見

検査記号を作る演算には様々な方法がありますが，通信ネットワークでよく用いられている方法としては次の3方式があります．

① パリティチェック (Parity Check)

8～16ビット程度の長さのデータを1ブロックとして，これに1ビットのチェック用データを割り当てます（図3.18）．追加する1ビットのデータは，元のデータブロックの中に含まれる「1」の数が偶数か奇数かによって決まり，追加した1ビットの値を含めて「1」の数が偶数個になるように追加データの値を決めます*．

➡この方式を偶数パリティと呼ぶ．

パリティチェック方式では，1ブロックの中に誤りが1ビットしか生じなかった場合は100%誤りの存在を検出できます．しかし，2ビット以上同時に誤りを起こすとそれを見逃してしまいます．

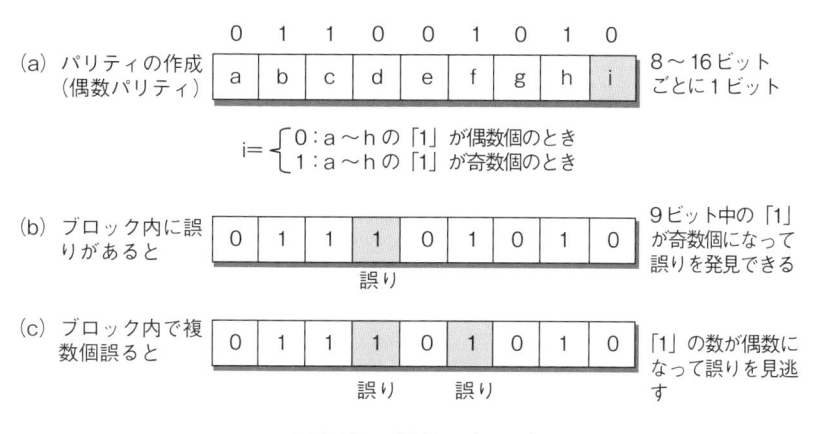

(a) パリティの作成（偶数パリティ）
```
0 1 1 0 0 1 0 1 0
a b c d e f g h i
```
8～16ビットごとに1ビット

$i = \begin{cases} 0 : a \sim h の「1」が偶数個のとき \\ 1 : a \sim h の「1」が奇数個のとき \end{cases}$

(b) ブロック内に誤りがあると
```
0 1 1 1 0 1 0 1 0
       誤り
```
9ビット中の「1」が奇数個になって誤りを発見できる

(c) ブロック内で複数個誤ると
```
0 1 1 1 0 1 0 1 0
     誤り   誤り
```
「1」の数が偶数になって誤りを見逃す

図3.18 パリティチェック

② チェックサム (Checksum)

情報データ部分を16ビットごとに足し合わせ，桁あふれした部分を無視して総和の下位16ビット分だけを検査記号とします（図3.19）．パリティチェックと同様，検査記号の計算がとても簡単です．反面，誤りの発生を見逃してしまうケースもたいへん多く，高度な判定方法とは言えません．しかし，めったに誤りが起らない場合ではよく用いられる検査方法です．

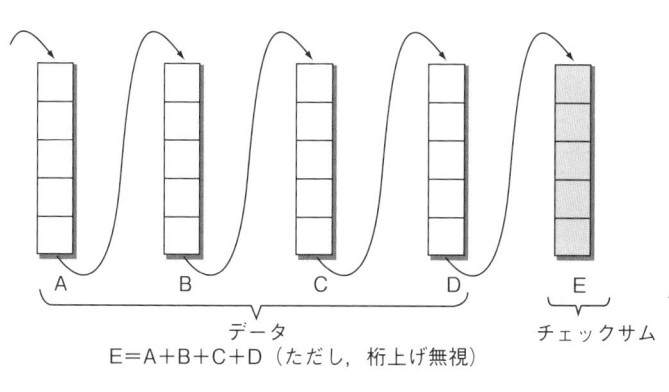

A B C D：データ
E：チェックサム
E＝A＋B＋C＋D（ただし，桁上げ無視）

図3.19 チェックサム方式

③ CRC（Cyclic Redundancy Check）

　送信する情報データ列全体を巨大な値の2進数とみなして，あらかじめ決められた定数でこの巨大な2進数を割り算し，発生した余り（剰余）を検査記号とします．ただしこの割り算は，桁上げや桁下げがない特別な割り算です．割り算に使う定数のことを**生成多項式**と呼びますが，例えば32ビットの検査記号が必要なときはそれより1ビット多い33ビットの生成多項式を用います．

　CRCの計算はメモリ回路と簡単な論理演算回路だけで実現でき，ハードウェア化が容易で高速処理も問題ないため，様々な製品分野で利用されています（図3.20）．また，誤りを見逃してしまう可能性が低いことも特徴です．CRCを用いてもフレーム誤りの見逃し確率をゼロにはできませんが，検査記号のビット数を増せば見逃し確率をいくらでもゼロに近づけられます．イーサネットでは32ビットのCRCがFCSとして用いられています．

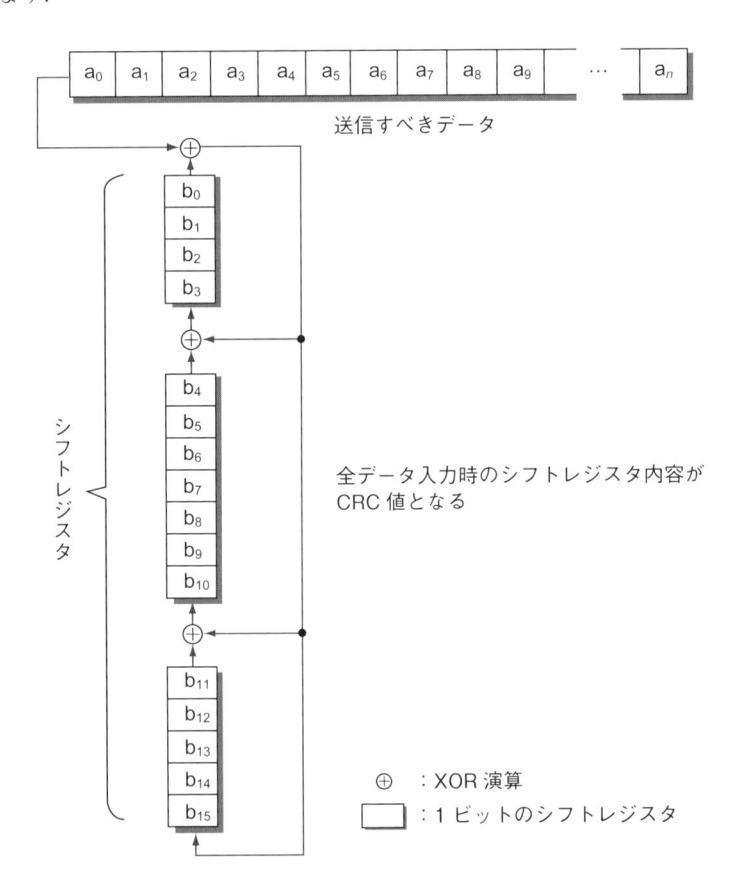

図3.20　生成多項式 $G(X)=X^{16}+X^{12}+X^5+1$ に対するCRC計算回路

3.10 誤りの自動訂正

前節のチェックサムやCRCを用いると，受け取ったフレームの中に誤りが含まれているかどうかの確認ができます．しかし誤りがあった場合にそれを修復するには，同じデータを送信側からもう一度送ってもらわなければなりません．これに対して再送要求なしに受け取ったデータだけから誤りを修正してしまう方法が**自動訂正**です．自動訂正は，フレームの中に誤りがあったか否かだけでなく，誤りの**位置**を特定すると実現できます．その代わりに，フレーム誤りを検出するだけの方法に比べてより多くの検査記号が必要となります．

自動訂正を行う最も簡単な方法が**ハミング(7, 4)符号**です（図3.21）．この方法では4ビットの送信データに対して3ビットの検査記号を付加し，合計で7ビットを一つのデータブロックとして扱います．7ビットデータの伝送中にどの位置のビットデータが誤りを起こしても受信側でその位置を発見できます．

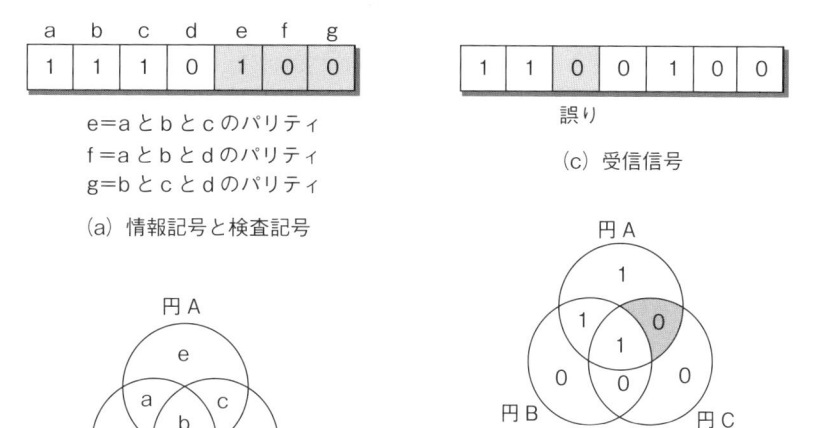

a	b	c	d	e	f	g
1	1	1	0	1	0	0

e＝aとbとcのパリティ
f＝aとbとdのパリティ
g＝bとcとdのパリティ

(a) 情報記号と検査記号

1	1	0	0	1	0	0

誤り

(c) 受信信号

(b) 円の組合せ表現

円Aと円Cのパリティが合わないので，AとCに含まれ，かつBに含まれないところが誤り

(d) 誤り位置の特定

図3.21　ハミング(7, 4)符号

ハミング(7, 4)符号の三つの検査記号は，送信すべき4ビットのデータから3ビットを取り出し，それらのビットのパリティを検査記号とします．これを図のように三つの円で表すと，それぞれの円の中に含まれる「1」の数が偶数個になります．受信側では受け取ったデータを再び三つの円に書き入れ，それぞれの円の中の「1」の数が偶数であるか否かを確認します．

ここで，もし伝送誤りがなければ三つの円の「1」の数はすべて偶数で

すが，伝送誤りがあると一つ以上の円で「1」の数が奇数になってしまいます．図3.21の例では円Aと円Cで「1」が奇数個となって異常が検出され，円Bは問題なしとなります．すると受信側では，

円Aと円Cの両方に含まれ，かつ円Bには属していないビット

が誤りであったと判断できます．つまりデータcの誤りが検出できます．誤りの位置がわかれば，あとはそのビットの0と1を反転すれば自動訂正は完了します．

要点整理　誤りの検出と自動訂正

誤り検出
- 冗長なビット（検査記号）を送信データに追加して送る
- 受信側で検査記号を再計算し、受信した検査記号と比較する
- 誤りが「あったか」あるいは「なかったか」がわかる
- パリティ方式、チェックサム方式、CRC方式など

誤りの自動訂正
- 誤り検出より多量の検査記号が必要
- 誤りの有無だけでなく、場所を特定する
- 訂正可能なビット数が決まっている
- 訂正能力以上の誤りがあると誤訂正が発生する

　実際の通信システムでは，A，B，Cの三つの円のどれが異常であればどのビットが誤りであるかを事前に表の形でまとめておき※，この表を参照して自動訂正を行います．

➡その符号のシンドロームと呼ぶ．

　誤りの自動訂正では，設計時に想定された誤りの数よりも多くの誤りがデータブロックの中に起ると，間違った場所を自動訂正してしまう事態が生じます※．このことから，伝送するデータが正確であることが強く求められる場合には誤りの自動訂正技術は用いられません．しかし伝送データが動画像や音声信号など人が直接五感で感じ取る情報を表している場合は，多少の誤りは問題となりません．むしろ再送要求によりデータ伝送が遅れる事態の方が問題で，このような場合には自動訂正技術が積極的に利用されています．

➡誤訂正と呼ぶ．

3.11 PPP

　イーサネットや無線 LAN で用いられているデータリンク層のプロトコルは，職場や家庭などで機器がネットワークに常時接続された場合を想定しています．これに対して街角の公衆無線 LAN や通信事業者のネットワークでは，利用者がサービス契約者かどうかを確認して課金を要する場合があります．

　このような用途で活躍するプロトコルが **PPP**（Point to Point Protocol）です．PPP は二つの装置間を専用に結ぶ回線上で使う LLC 層プロトコルで，2 点間のコネクション状態を管理しながら複数の上位層プロトコルを利用できるようにします．**ユーザ名**と**パスワード**を通知する機能があり，通信相手を確認する用途にも用いられます．PPP プロトコルをイーサネットの上で用いると，不特定多数の人が利用できる公衆無線 LAN などで，特定の事業者と契約した人だけに限定してサービスを提供できます．PPP をイーサネット上で使う方法を **PPPoE**（PPP over Ethernet）と呼び，通信事業者が頻繁に利用しています．

3.12 フレームリレー

　通信事業者が提供する広域ネットワークでは，多数の顧客から受け取ったデータフレームをそれぞれの目的地まで共通の回線を用いて相乗り形式で伝送します．通常のインターネットなどでは相乗りによりネットワークが混雑しているときは通信速度が遅くなることを許容しますが，顧客によっては通信速度が遅くなっては困るケースもあります．

　通信速度の低下がまったく許されない用途では，顧客は通信拠点の間を専用の回線で接続します．専用線は 24 時間にわたって通信速度が保証される反面，月額利用料金が著しく高価です．そこで，通信事業者内の広域ネットワーク部分を他の顧客と相乗り形式で利用しながら，ある程度の通信速度保証を実現する方法があります．これが**フレームリレー**や **ATM**（Asynchronous Transfer Mode）と呼ばれるネットワークです．フレームリレーはフレームの長さが可変長のパケットを，ATM は固定長の短いパケットを用います．

　フレームリレーはコネクション指向のデータリンク層プロトコルで，コネクションごとに**通信速度の最低保証値**（CIR：Committed Information Rate）を定めて顧客が通信事業者と契約します．ネットワークが空いているときであれば顧客は CIR を上回る速度でサービスを受けられますが，混雑してくると通信事業者はフレームリレーの末端装置に通信速度を落とすように指示する機能が備わっています．顧客が契約した CIR の速度ま

では保証されますが，速度を落とす要請に応えなかった場合，超過パケットは事業者の通信ネットワークの中で廃棄されるようになっています．

調査課題

1. リング型トポロジのネットワークは伝送線路のデータ伝送能力を無駄なく最大限まで利用でき，さらにきわめて長距離のデータ伝送が行えます．この理由について調査して議論しなさい．

2. トークンパッシング方式とはどのようなメディアアクセス方式か，調査して議論しなさい．

3. CSMAよりも単純な共有媒体向けメディアアクセス方式にALOHA，Slotted ALOHAと呼ばれる方式があります．CSMA方式と比較して議論しなさい．

4. CSMAにはNon-persistent, 1-persistent, P-persistentと呼ばれる各方式があります．それぞれどのように異なるのかを調査して議論しなさい．

5. イーサネットが用いる衝突検出機構について具体的に調べ，報告しなさい．

6. 無線LANにおいて，隠れ端末問題に対処するための工夫を調査して報告しなさい．

7. 伝搬遅延が著しく大きくなると，CSMA方式はALOHA方式よりもスループット特性が悪くなります．その理由について議論しなさい．

8. オーディオ用コンパクトディスク装置が用いている誤り訂正方式を調べて報告しなさい．

9. PPPプロトコルを詳しく調べてその用途や特徴を議論しなさい．

第4章 ネットワーク層プロトコルの主要技術

第4章ではネットワーク層プロトコルで用いられている主要技術について説明します．ここではネットワーク層の技術を概観した後，ネットワーク層プロトコルとして事実上の標準となったIP（Internet Protocol）について説明します．また，IPを用いたネットワークを構築する際に必要となる考え方について詳しく説明します．

4.1 中継と経路選択

データリンク層は直接つながった2点間のパケットのやり取りを規定していますが，ネットワーク層ではこれに**中継**の概念を導入します．中継を繰り返すとパケットを遠方に伝えられるので，同じプロトコルを用いる他の組織と相互に接続でき，地理的なカバー範囲とともに通信可能な相手の数が飛躍的に増えます．つまり，規模が大きなネットワークを構築できるようになります．

4.1.1 中継機能

パケットの中継そのものは単純な機能です．一例として，図4.1のネットワークを考えてみます．ここでは，データリンク層プロトコルを用いて直接通信できる範囲をそれぞれ持つネットワークXとYがあります．ネットワークXの中にあるホスト同士[*]はデータリンク層プロトコルで通信できますが，XとYをまたぐパケットは中継器を通ります．

➡ネットワーク層では，通信装置のことをホストと呼ぶことが多い．

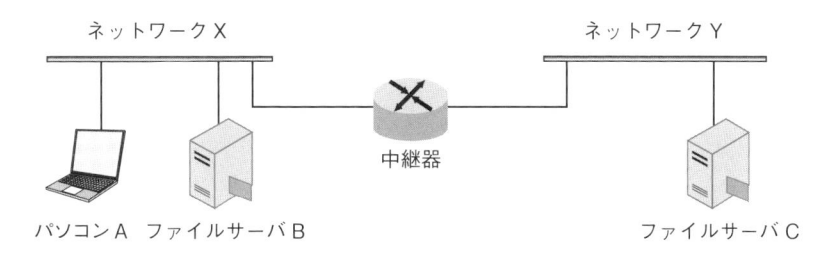

図4.1　中継機能を含むネットワーク

一般的なホストは自分自身が通信の宛先であるパケットしか受け取りませんが，中継器は自分宛ではないパケットを受け取って処理します．図の中継器では，左側のネットワークXに属するホストからデータリンク層プロトコルを使って届けられたパケットをいったん受け取り，右側の相手と再びデータリンク層プロトコルを用いて送出します．左側と右側のデー

タリンク層プロトコルや通信速度が異なっていても問題ありません．

このように中継とは，自分宛ではないパケットをデータリンク層プロトコルの定めに従って一度預かり，改めて別のネットワーク上に送出することです．ですから，中継器には少なくとも二つのネットワークインタフェースが必要です．図4.1では，左から来たパケットの宛先は必ず右側にあり，右から来たパケットの宛先は左側にありますが，図4.2では通信相手によって中継が1回の場合と2回の場合があります．また，パソコンAからパケットが流入したネットワークYでは，通信する相手によって適切な中継器がどちらであるのかを判断しなければなりません．

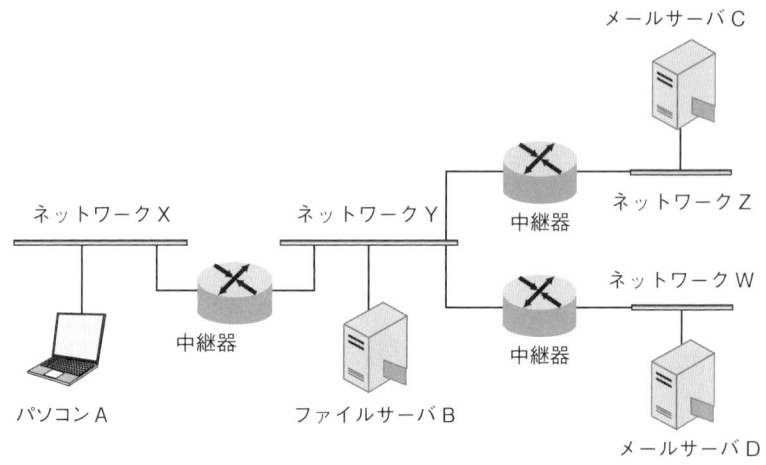

図4.2　やや複雑なネットワーク

中継器には三つ以上のネットワークを接続する場合もあります（図4.3）．この場合，中継器は届けられたパケットの宛先がどのネットワークに接続されているのかを判断して，適切な出口にパケットを送出しなければなりません．

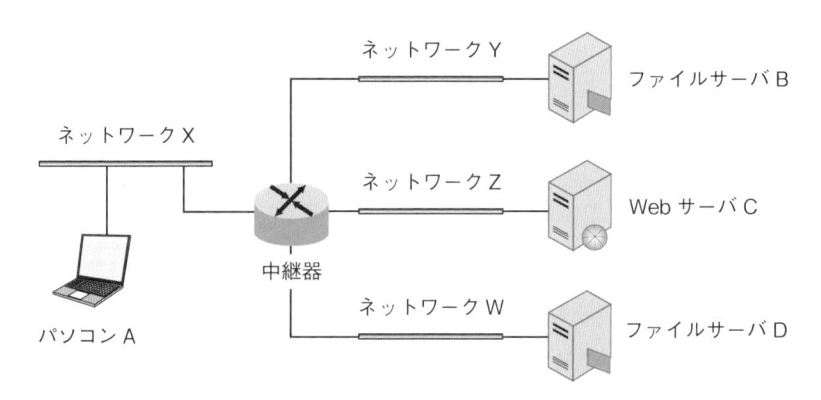

図4.3　多数のインタフェースを持つ中継器

4.1.2 経路選択

中継器の動作は，図 4.4 (a) のようにすべてのホスト間で中継経路がただ一つしかないときは簡単ですが，図 4.4 (b) のように経路に複数の選択肢があるときは適切な経路を選ぶ役割が中継器に必要となります．この機能が**経路選択**または**ルーティング**（Routing）と呼ばれる機能です．大規模なネットワークでは中継網の一部が壊れても通信が途絶しないように通信経路を複数用意しますが，このようなネットワークではルーティング機能を持った中継器が必須となります．大規模ネットワークの代表であるインターネットでは，ルーティング機能を持った中継器を**ルータ**（router）と呼んでいます．

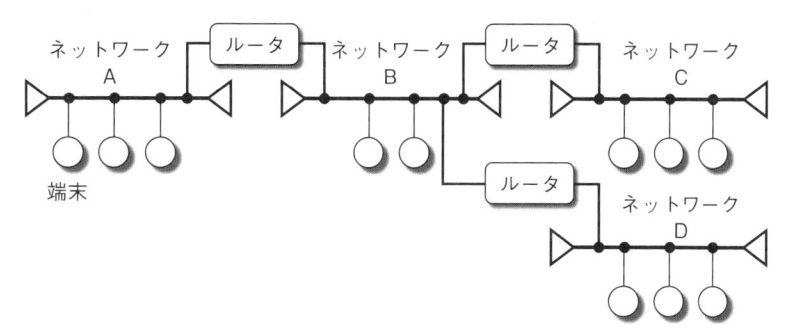

(a) すべてのホスト間での中継経路がただ一つの場合

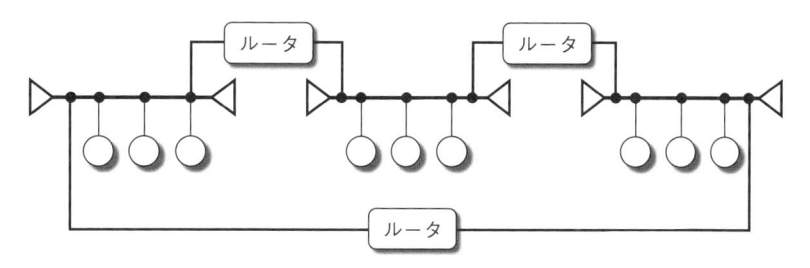

(b) 相手先までの経路が複数ある場合

図 4.4　ルータによるネットワーク間接続

要点整理　**ネットワーク層の役割**

- パケットの中継：二つのネットワーク間でのパケットの受け渡し
  → 自分宛でないパケットを預かって転送する
- 経路選択（ルーティング）：宛先までの最適経路の決定
- スケーラブルなアドレッシング：中継を前提としたホストの識別番号付与

4.1.3 リピータ・ブリッジ・ルータ

このような中継機能を果たす装置はネットワーク層だけではなく，データリンク層や物理層にも存在していて，表 4.1 のようにそれぞれ名前がついています．

表 4.1 リピータ・ブリッジ・ルータ

階層	名称	動作
物理層	リピータ	長い距離にわたって送られ，振幅が低下したり波形が歪んだ信号を元通りに戻して他のインタフェースから再送出する．パケットの内容に依存した処理はまったく行わない．
データリンク層	ブリッジ	データリンク層ヘッダの宛先アドレスを参照し，その宛先が所属するインタフェースだけにフレームを再送出する．宛先が所属する接続インタフェースは過去に到着したフレームから学習する．未学習の相手に対するフレームはすべてのインタフェースから送出する．フレームの内容は変更しないが，通常は壊れたパケットは転送しない．
ネットワーク層	ルータ	ネットワーク層ヘッダの宛先アドレスを解釈し，その宛先が所属するインタフェースだけにパケットを送出する．宛先へのパケット転送に適した接続インタフェースは，何らかの方法であらかじめルータに記憶させておく．宛先の場所がわからないパケットは廃棄する．中継ごとにデータリンク層のフレームを作り直すので，フレームの内容が中継ごとに変化する．

➡ インターネットで海外の Web サイトを参照するときは 30〜50 回程度の中継が珍しくない．

このうち，リピータやブリッジは比較的狭い範囲のネットワーク内での中継が想定されていますが，ネットワーク層の中継は何段にもわたる中継が想定されていて[*]，大規模なネットワークを構成する目的に用いられます．

4.2 ホスト位置の記憶

中継器は自分宛ではないパケットを宛先に代わって受け取り，本来の宛先ホストに向けて再送出しますから，目的のホストがどこにあるのかを知らなければ機能が果たせません．そこでルータは，**ルーティングテーブル**（routing table）と呼ばれる表を用いて目的のホスト位置を管理します．

ルーティングテーブルの概念的な例が表 4.2 で，ルータ中のメモリに記憶されています．ルータにパケットが届くと，ルータはその都度パケットから宛先アドレスを取り出し，テーブルを参照してその宛先に最も適切な出力先のインタフェースを決定してパケットを再送出します．

表 4.2 ルーティングテーブルの例

宛先ホスト	学習方法	Next Hop	出口インタフェース	宛先までの距離
ホストA	手動	ルータX	インタフェース2	20
ホストB	手動	ルータZ	インタフェース4	10
ホストC	直接接続	直接	インタフェース1	0
ホストD	直接接続	直接	インタフェース1	0
ホストE	動的学習	ルータX	インタフェース4	10
ホストF	動的学習	ルータX	インタフェース2	20
ホストG	動的学習	ルータY	インタフェース4	20

　この表では，宛先ホストのネットワーク上の位置が厳密に管理されていません．目的のホストがそのルータと直接つながっているとき（データリンク層で通信できるとき）はつながっている接続インタフェースの名前が明記されています．しかし，目的ホストがルータと直接つながっていない場合はそのルータから見て次にパケットを中継してくれるルータの名前（next hop）が書かれているだけで，そこから先がどうなっているのかはこの表からはわかりません．図では，例えばホスト A に到達するには次にルータ X に向かえばよいことがわかりますが，その先はルータ X が知っていて，表 4.2 のテーブルを持っているルータは知りません．

要点整理　ルーティングテーブル

- 次にどこへパケットを渡せばよいかを宛先ごとに記述されている
- パケットの中継はこのテーブルを毎回調べて行う
- テーブルに記載がない宛先へのパケットは捨てられる
- テーブル行数をいかに削減するかが課題

　ルーティングテーブルには，通信が行われる可能性があるすべてのホストに関する情報を羅列します．ここに掲載されていない宛先へのパケットは，next hop がわからないのですべて破棄されます．インターネットなどの大規模ネットワークでは参加するホスト数が膨大なため，工夫を凝らさないとルーティングテーブルの行数も膨大になります．そのままではデータの記憶に要するメモリも多量に必要となり，さらにテーブルから目的のホスト情報を検索する際に多大な CPU 能力が必要になるため，ルーティングテーブルの行数をいかに削減するかが大きな課題となります．

4.3 ルーティングプロトコル

上述のルーティングテーブルに記載する経路情報は，本来はネットワーク管理者が1行1行手作業で入力しなければなりません．しかし大規模なネットワークでは作業が膨大になる上，接続形態が頻繁に変更されて人間が登録作業を行っていては情報の反映が間に合いません．

そこで現代の大規模ネットワークでは，ルータを管理するネットワーク管理者が協調してルーティングテーブルの情報を更新します．具体的には，ルータに直接接続されているホストの情報を各ルータの管理者がそれぞれ手動でデータ入力します（図4.5）．

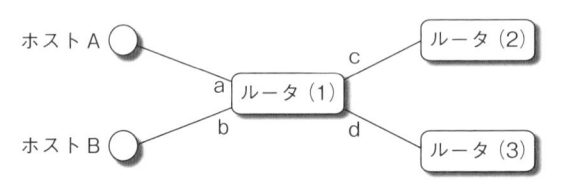

宛先	インタフェース	距離
ホストA	a	0
ホストB	b	0

図4.5　経路表の初期状態

この時点では，ルータはそれぞれの装置に直接接続されたホストの情報しか知りません．次にルータは，隣接したルータとの間で互いのルーティングテーブルの内容を通知し合います（図4.6）．これにより，各ルータは隣接ルータに接続されたホストの情報を手に入れ，各自のルーティングテーブルにその情報を書き足します．

次に各ルータは隣接ルータから受け取った情報を含め，テーブルの内容を再び隣接ルータと相互に交換します．この動作を繰り返すとやがてすべてのルータの最初の保持情報が隅々まで届き，すべてのルータがすべてのホストの位置情報を知ることとなります．

以上の手続きの中で，ルータ同士が機械的にルーティングテーブルの内容を相互に交換しますが，この作業のための手順を**ルーティングプロトコル**（routing protocol）と呼びます．

4.3 ルーティングプロトコル

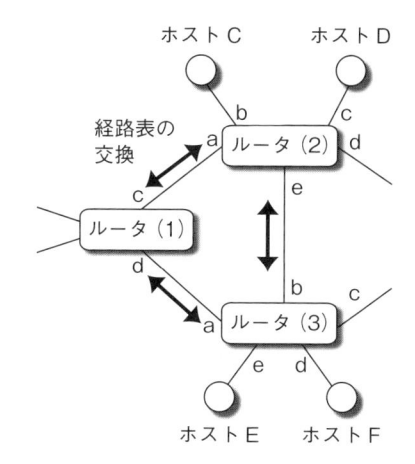

ルータ(2)のテーブル 初期状態

宛先	インタフェース	距離
ホストC	b	0
ホストD	c	0

ルータ(3)のテーブル 初期状態

宛先	インタフェース	距離
ホストE	e	0
ホストF	d	0

ルータ(2)と(3)から経路情報を受け取った直後のルータ(1)のテーブル

宛先	インタフェース	距離
ホストA	a	0
ホストG	b	0
ホストC	c	1
ホストD	c	1
ホストE	d	1
ホストF	d	1

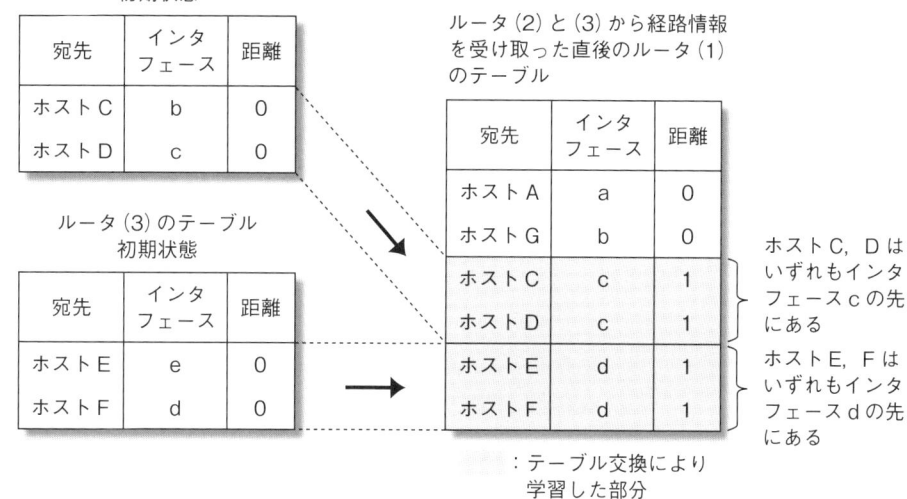

ホストC, Dはいずれもインタフェースcの先にある

ホストE, Fはいずれもインタフェースdの先にある

：テーブル交換により学習した部分

図4.6 更新されたルーティングテーブル

要点整理　ルーティングプロトコル

- ルータ同士が互いのルーティングテーブルを交換するプロトコル
- ルータ管理者は直接接続されたホストの情報のみ設定
- 同じ宛先へ複数の経路が見つかると最適な一つの経路を選ぶ
- 最適経路の選び方は IGP，EGP という二つの方法に大別できる

> **Column　適切な経路の決め方**
>
> 宛先までの経路が複数あるとき，ルータは**最適な**経路を一つ選び，ルーティングテーブルに記載します．これには様々な方法があり，それぞれ特徴を持っています．
>
> ルーティングプロトコルを大別すると，まず**IGP**と**EGP**に分類されます．
>
> IGP（Interior Gateway Protocol）は，一つの組織や一つの通信事業者の内部での経路選択のための方法です．IGPでは技術的または自然科学的に考えて妥当な経路を自動的に選択します．例えば中継回数が最少の経路，遅延が最少の経路，最も混雑度が低い経路などを自動的に選びます．ルータが遅延や混雑度を計測し，あらかじめ管理者が決めた計算ルールに従って評価指数を算出※，その大小で最適経路を決めます．
>
> 一つの組織の中では，ネットワークを構成するルータが多数あってもそれぞれは同じ目的のために使われており，互いに協調して動作しています．このことをネットワークの**ポリシーが同一**であると表現します．ポリシーが同一であるようなルータの集合を**自律システム**（**AS**：Autonomous System）と呼びますが，一つのAS内部で用いられるルーティングプロトコルがIGPです．
>
> 一方，EGP（Exterior Gateway Protocol）は自律システムと自律システムとの間のルーティングプロトコルです．互いに利害関係を有する場合もある組織同士の通信と考えるとわかりやすいでしょう．この場合は組織間の経済的・政治的理由により，技術的に最適な経路とは異なる経路を用いたい場合が生じます．EGPは，このような人間の意思を経路選択に反映しやすくした方式です．

➡この数値をメトリックと呼ぶ.

4.4　ネットワーク層アドレス

　ネットワーク層プロトコルでは，相手の識別に独自の番号体系（ネットワーク層アドレス）を使います．データリンク層でもアドレス体系が別にあります．装置の識別に2種類のアドレス体系があるのは無駄であるように見えますが，実際は二つの体系が無ければネットワークはうまく機能しません．

　図4.7は，中継器を2段経由してホストAとサーバBが通信している様子です．ホストAの相手はネットワーク層的にはサーバBですが，データリンク層的には中継器（ルータ）Xです．つまりAは，Xに対して「サーバBと通信したいのだ」と伝える必要があり，Aから送出するパケットにはXのアドレスとBのアドレスの両方が含まれていなければ相手を指定できません．

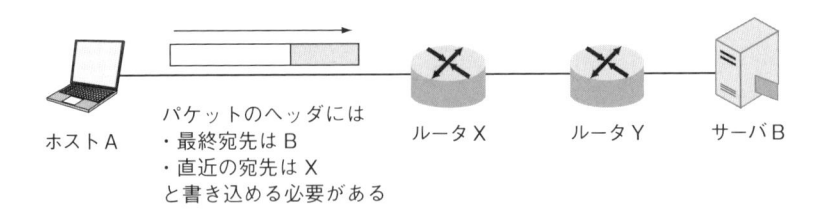

ホストA　　パケットのヘッダには　　ルータX　　ルータY　　サーバB
　　　　　・最終宛先はB
　　　　　・直近の宛先はX
　　　　　と書き込める必要がある

図4.7　データリンク層アドレスとネットワーク層アドレス

階層化を意識していないプロトコルであれば，AがBと通信する際に，間の中継器のアドレスを逐一指定し，「A→X→Y→B」というようなアドレス指定をすれば1種類のアドレス体系で通信できます．しかし現代のプロトコルでは，階層ごとに独立したモジュール化を行うことが一般的で，隣接する相手を指定するデータリンク層のアドレスと，最終の宛先を示すネットワーク層のアドレスを併用する方法が一般に用いられています．

4.5 インターネットプロトコルと IP アドレス

インターネットが用いるネットワーク層プロトコルが**インターネットプロトコル**（IP：Internet Protocol）です．図4.8 に IP パケットの構造を示します*．

➡ ヘッダ情報の詳細は意図的に提示していない．調査課題参照．

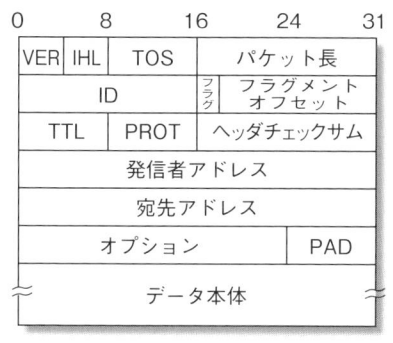

```
 0      8      16      24     31
┌──────┬──────┬──────┬──────────────┐
│VER│IHL│ TOS │   パケット長        │
├──────┴──────┼──┬──────────────────┤
│     ID      │フラ│ フラグメント    │
│             │グ │ オフセット      │
├──────┬──────┼──┴──────────────────┤
│ TTL  │ PROT │  ヘッダチェックサム  │
├──────┴──────┴─────────────────────┤
│         発信者アドレス             │
├───────────────────────────────────┤
│          宛先アドレス              │
├─────────────────────────┬─────────┤
│      オプション         │  PAD    │
├─────────────────────────┴─────────┤
│          データ本体                │
└───────────────────────────────────┘
```

図 4.8　IP パケットの構造

4.5.1 非コネクション型通信

IP の大きな特長は，非コネクション型のネットワーク層プロトコルであるという点です．コネクション指向のプロトコルでは，通信に先立って相手と前準備を済ませてから実際のやり取りを始めますが，非コネクション型ではそのような手続きはありません．したがって，煩雑な手続きなしにパケットの送受が行われ，多量のパケットが集中する幹線ネットワーク部分での処理が滞りません．また，同時に多数の相手方と通信する用途にも向いています．逆に非コネクション型では，高信頼伝送に必ずしも適さないという弱点がありますが，この問題はさらに上位のトランスポート層プロトコルでカバーします．

> **Column　コネクション指向のネットワーク層プロトコル**
>
> IP は非コネクション型のネットワーク層プロトコルですが，コネクション指向のネットワーク層プロトコルの例として **X.25** があげられます．X.25 は公衆パケット通信ネットワークとして，日本では NTT 社が「DDX」の商品名でサービスを行っていました．DDX は 1 パケットごとに課金するネットワークで，課金に見合う通信品質を提供するという考え方から，コネクションを張って中継器間でパケットの誤りや欠落を補償する方式を用いていました．しかし通信手順があまりにも複雑で高速通信が実現できず，廃れてしまいました．

コネクション型のネットワーク層プロトコルでは，通信に先立って中継経路を確定し，コネクションが張られている間は常に同じ経路で中継されます．コネクションが張られた状態では，通信を行う両端のホストと途中の中継器がすべて互いの状態を把握し，仮想的な専用通信路を形成します．これをバーチャルサーキットと呼びます．これにより通信品質の確保が容易になり，課金や通信状態の保証が可能になります（図4.9）．

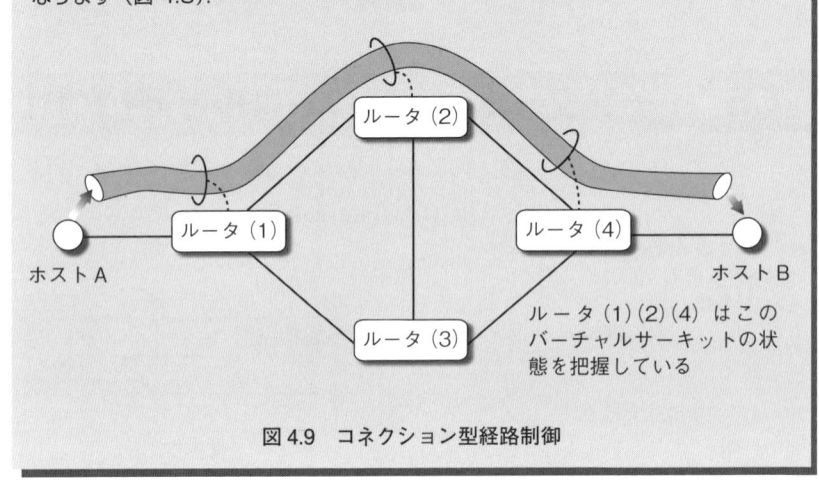

図4.9 コネクション型経路制御

4.5.2 IPアドレス

インターネットプロトコル（IP）で相手を識別する番号体系が**IPアドレス**です．インターネットプロトコルにはIPv4とIPv6の2種類があり，一般的によく用いられているIPv4ではIPアドレスは32ビットの長さがあります．32ビットで表現できるホストの数は2^{32} = **約43億台**です．ルーティングテーブルに43億台のホストの情報を載せることは数が多すぎて現実的ではないので，IPでは同じような場所にあるホストをグループとして管理する機能が備わっています．このグループに相当するものが**一つのネットワーク**です．

要点整理　IPアドレス

- 32ビット長のネットワーク層アドレス
- ネットワーク部とホスト部に分かれる
- 境界位置はネットマスクまたはプリフィックス長で示す
- データリンク層プロトコルで通信する範囲が「一つのネットワーク」
- 同一ネットワーク内は同一のネットワーク番号を使う
- ルータはネットワーク番号だけを覚えてホスト部は覚えない

4.5.3 ネットワーク番号とホスト番号

IP アドレスは，図 4.10 に示すようにネットワーク部，ホスト部と呼ばれる二つの部分に分かれています．データリンク層プロトコルで通信できる範囲が一つのネットワークですが，IP では同じネットワークに属するホストはすべて同じネットワーク番号を用います．このルールに従って IP アドレスを割り当てておくと，4.2 節で述べたルーティングテーブルには，ホスト 1 台ごとの情報ではなく，IP アドレスのネットワーク番号だけを載せればよいことになります．例えば，一つのネットワークに 100 台ずつのホストがつながっていたとすると，ルーティングテーブルの行数を 1/100 に圧縮できます．

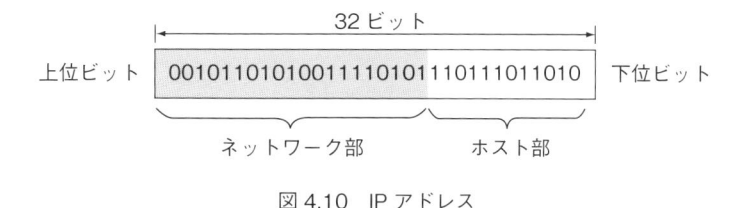

```
            32 ビット
上位ビット  00101101010011110101110111011010  下位ビット
            └─── ネットワーク部 ───┘└─ ホスト部 ─┘
```

図 4.10　IP アドレス

一方，IP アドレスのホスト部は，そのネットワーク内のホスト 1 台 1 台の識別に用います．つまりネットワーク番号はグループを表し，ホスト番号はグループ内での識別を行う番号であるといえます．

Column　アドレス解決プロトコル：ARP

4.4 節で述べたように，ホストを表すアドレス（識別子）はデータリンク層の MAC アドレスとネットワーク層の IP アドレスの二つがあり，両方とも利用されています．しかし，通信相手を識別する際に両方のアドレスを覚えなければならないのは不便です．

IP アドレスはホスト識別用のホスト部とグループを識別するネットワーク部に分かれています．一方，MAC アドレスはコンピュータの識別を行う機能しかありません．ここで，もし MAC アドレスを IP アドレスのホスト部に埋め込めるなら，利用者は MAC アドレスを覚える必要がなくなり好都合です．しかし，実際には IP アドレスは 32 ビットの長さしかなく，MAC アドレスの 48 ビットを埋め込むことは不可能です．

そこで宛先 IP アドレスを元にして，その宛先の MAC アドレスを問い合わせる仕組みがプロトコルとして規定されています．これが **ARP**（Address Resolution Protocol）です．日本語では**アドレス解決**と呼びます．通信相手の MAC アドレスを知りたいホストがネットワーク上の全員に宛てて ARP Request と呼ばれるパケットを投げ，そこに記載されている IP アドレスと一致する IP アドレスを持っているホストが自身の MAC アドレスを ARP Reply パケットで返送します．

4.5.4 IP アドレスの表記方法

IP アドレスは 32 ビットの数値ですが，人間が 32 桁の 2 進数をそのまま覚えたりコンピュータに手入力する作業は容易ではないため，IP アドレスは一般的に**ドット付き 10 進数**と呼ばれる方法で表示します．ただし，これは人間が読みやすいようにするだけのもので，コンピュータ自身は 32 ビットの 2 進数をそのまま用いて処理を行います．

ドット付き 10 進数表記では，32 ビットの IP アドレスをまず 8 ビットごとに四つの部分に区切り，それぞれの 8 ビットの値を 10 進数で読み，それらをピリオドで連結して表現します*．図 4.11 は，その表示方法の一例を示しています．

➡ 8 ビットの数字を 10 進数表記するので，各桁は 0 〜 255 の値をとる．

```
2進数の
IP アドレス     11000000101010000010000111110100
                              ↓
8ビットずつ
区切る       | 11000000 | 10101000 | 00100001 | 11110100 |
                ↓          ↓          ↓          ↓
10進数に直す   192        168        33         244

ドットでつないで
連結                    192.168.33.244
```

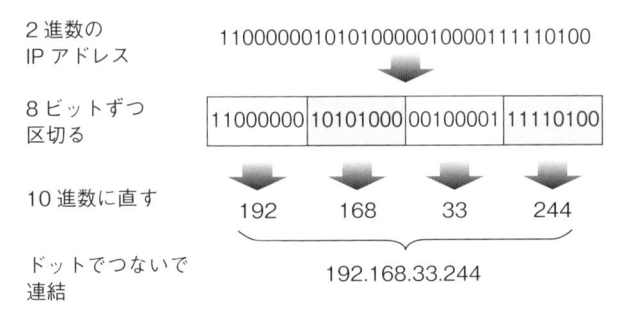

図 4.11　IP アドレスのドット付き 10 進数表現

4.5.5 ネットマスク

ネットワーク部とホスト部の境界位置は，よく使われている IP プロトコル（IPv4）では 32 ビットの任意の位置に設定できます．ですから IP アドレスの数値を見ただけでは境界位置がどこであるか判別できません．

そこで，IP アドレスとは別にそのアドレスのネットワーク部とホスト部の境界位置を明示する方法が必要になります．この表示方法の一つが**ネットマスク**です．

ネットマスクは図 4.12 のように，まず IP アドレスのネットワーク部に相当するビット数だけ 2 進数の「1」を並べ，続いてホスト部の長さだけ「0」を並べます．次に 32 ビットの値をドット付き 10 進数表記に直します．図は，ネットワーク部が 18 ビットあるようなアドレスのネットマスク値を示しています．

```
IPアドレス           11000000101010000010000111110100
                    ネットワーク部              ホスト部
例）先頭18ビットが   11000000101010000010000111110100
    ネットワーク部

ネットワーク部を1
ホスト部を0で埋める  11111111111111111100000000000000

8ビットずつ区切って
10進数に変換         255      255      192       0

ドットでつないで連結        255.255.192.0
```

図 4.12　ネットマスク

ネットマスクによる境界位置の明示方法は，IPが開発された当初から使われていますが，使い慣れないとたいへんわかりにくいところが難点です．しかし，現代のIP対応機器を正しく設定するには，ネットマスクを正しく理解し，設定できなければなりません（図4.13参照）．

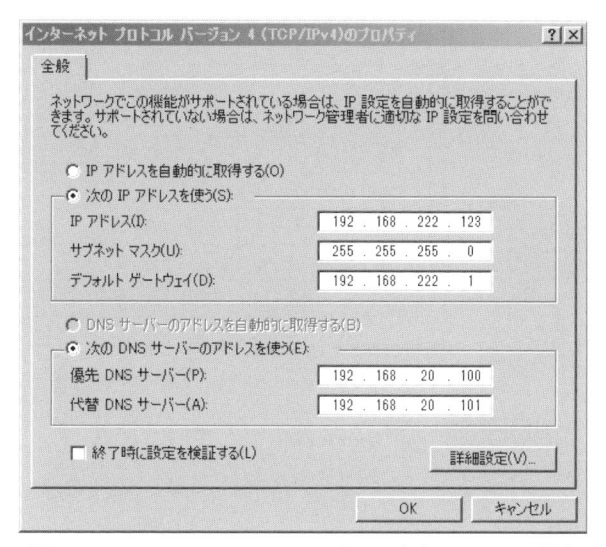

図4.13　Windows OSでのIPアドレスとネットマスク設定

ネットマスクによる表記は直感的ではなく，また表示が長くなるために，最近ではIPアドレスのネットワーク部分のビット数を直接表示する方法が次第に使われるようになってきました（図4.14参照）．ネットワーク部のことを**プリフィックス**（prefix），ホスト部のことを**サフィックス**（suffix）と呼ぶことがあるため，この表記方法を**プリフィックス長による表記**と呼びます．

192.168.33.244 / 18
　　IPアドレス　　プリフィックス長

図4.14　プリフィックス長を用いた表記

Column　ネットワーク部とホスト部の境界位置が重要な理由

IP技術を理解する上で重要なポイントの一つが，ネットワーク部とホスト部との境界位置を明示することの必要性や意味を**正しく説明できるか**です．

通信相手はIPアドレスで識別されていて，異なるホストは必ず異なるIPアドレスがついていますから，そのアドレスで通信相手の指定を行えば何も問題は起らないように考えがちです．しかし通信する相手（宛先）が発信元と**同じネットワーク**に所属しているか否かが事前にわからないと，ホストは相手と正しく通信ができません．

なぜなら，相手と自分が同じネットワークに属する場合は「データリンク層」機能で直接やり取りできますが，相手が自分と同一ネットワーク上に無ければ直接の通信はできないと判断するためです．相手が自分と同じネットワーク上にあるかどうかは，ネットマスクの値を基に計算して決めることとなります．

要点整理　ネットマスク

ネットワーク部とホスト部の境界は 31 種類しかない。ネットマスクも 31 種.

プリフィックス長 1～7	プリフィックス長 9～16	プリフィックス長 17～24	プリフィックス長 25～31
128. 0. 0. 0	255.128. 0. 0	255.255.128. 0	255.255.255.128
192. 0. 0. 0	255.192. 0. 0	255.255.192. 0	255.255.255.192
224. 0. 0. 0	255.224. 0. 0	255.255.224. 0	255.255.255.224
240. 0. 0. 0	255.240. 0. 0	255.255.240. 0	255.255.255.240
248. 0. 0. 0	255.248. 0. 0	255.255.248. 0	255.255.255.248
252. 0. 0. 0	255.252. 0. 0	255.255.252. 0	255.255.255.252
254. 0. 0. 0	255.254. 0. 0	255.255.254. 0	255.255.255.254
255. 0. 0. 0	255.255. 0. 0	255.255.255. 0	

4.5.6　デフォルトゲートウェイ

IP アドレスのネットワーク部が同一のホスト群は，同じネットワークに所属しています．この中のホスト同士が相互に通信するときはデータリンク層の機能で直接通信ができますが，異なるネットワーク番号のホストとは直接通信ができません．この場合，パケットを中継してくれるルータが必要になります（図 4.15）．ホストから見たこのルータのことを**デフォルトゲートウェイ**（default gateway），または**デフォルトルート**（default route）と呼び，ホストのネットワークパラメータを設定する際に必ず指定しなければなりません．図 4.13 の設定画面の中にもデフォルトゲートウェイの設定項目があります．

TCP/IP で通信するホストは，相手が自身と同一ネットワーク上ならデータリンク層の機能で直接相手と通信を始めますが，相手が異なるネットワーク上にあるときはデフォルトゲートウェイのルータに向けてパケットを送信します．

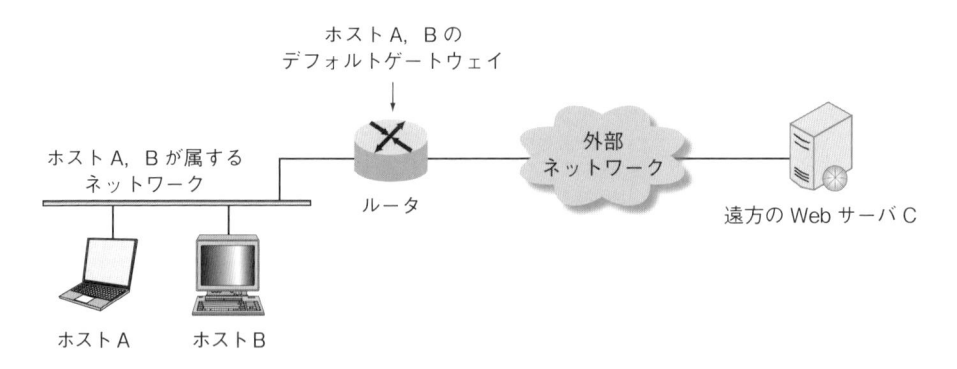

図 4.15　デフォルトゲートウェイ

> **要点整理　アドレス設定の3要素**
>
> - IPアドレス　　　　　　そのホストの識別番号
> - ネットマスク　　　　　　所属ネットワークのアドレス範囲を知る
> - デフォルトゲートウェイ　所属ネットワーク以外と通信するときに中継を依頼するルータのアドレス
> - DNSアドレス　　　　　　名前解決が必要なときに指定（第6章参照）

4.5.7 特別なIPアドレス

IPアドレスのうち，いくつかは特別な意味を持っています．

■ ネットワークアドレス

ホスト部のビットがすべて「0」であるようなIPアドレスを**ネットワークアドレス**（またはネットワーク番号）と呼び，個別のホストを表す番号としては使えません．ルータがネットワークアドレスを基にルーティングテーブルを操作するため，ホストとネットワークとの区別をつけて混乱が起こらないようにしたものです．

■ ブロードキャストアドレス

ホスト部のビットがすべて「1」であるようなIPアドレスを**ブロードキャストアドレス**と呼び，個別のホストを表すIPアドレスとしては使えません．ブロードキャストアドレスは，そのネットワークに属するすべてのホストに一斉にパケットを送りたいときに使います．

> **Column　ping と traceroute**
>
> ネットワーク技術を学ぶ者が使い慣れておくべき基本的なネットワークコマンドとして，ping と traceroute が挙げられます．現代の PC のほとんどの OS にこのコマンドがあり，ネットワーク構築時の動作確認やトラブルシューティングに使われています．
>
> 　ping は相手の IP アドレスを指定して，そこまで IP パケットが届いているか否かを確認する簡単なツールです．パケットの往復時間を表示するので，相手先までのネットワークが混雑しているかどうかを調べる用途にも使えます．
>
> 　traceroute は，相手先までパケットが中継されていく経路を順に表示するツールです．ping で宛先までパケットが届かないとき，目的の相手ホストがダウンしているのか，または途中の中継経路に問題があるのかを切り分ける用途などに用います．Windows OS では traceroute は「tracert」という綴りのコマンドで実装されています．

図 4.16　ping の実行例

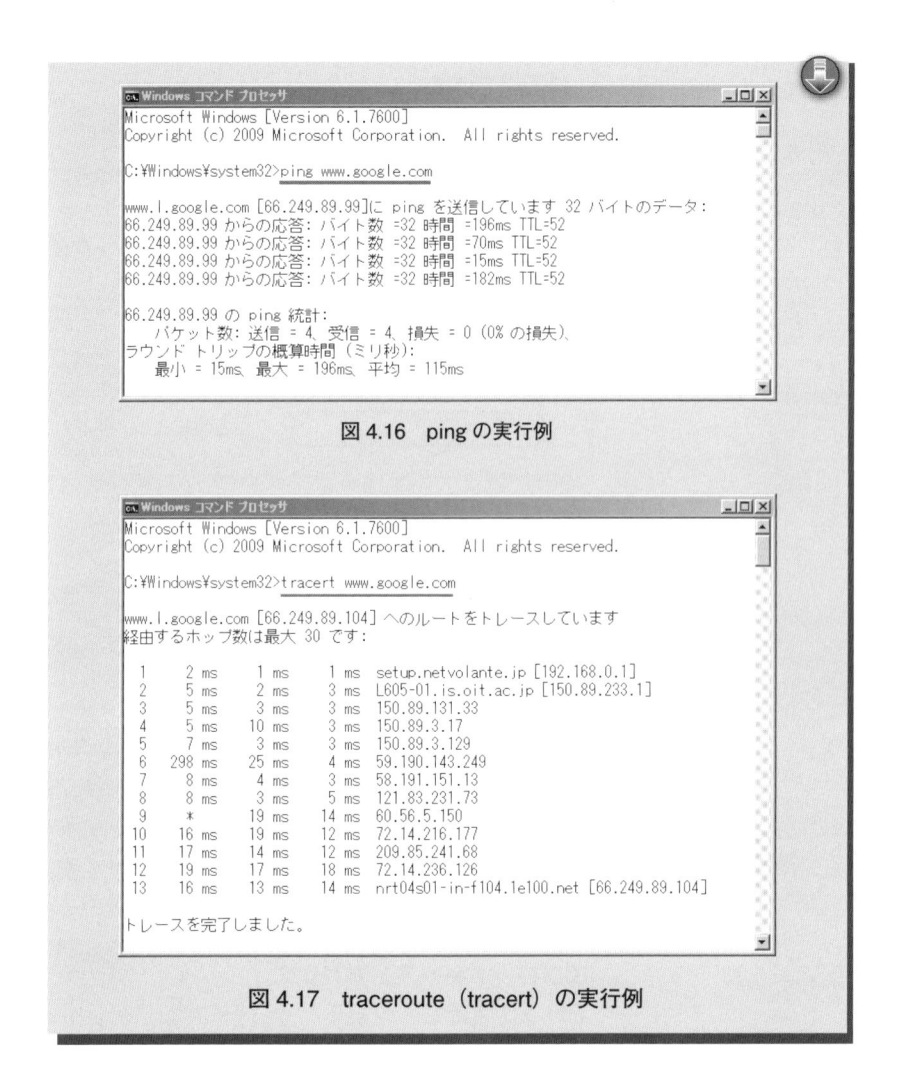

図 4.17　traceroute（tracert）の実行例

4.6　ネットワークの大きさ

　ネットワーク部が同一のアドレスを持つホスト同士は，「一つのネットワーク」に属しています．ネットワーク部の長さは任意ですが，この長さを変えるとホスト部が利用できるビット数がそれに応じて変わり，一つのネットワークとして表せるホストの総数が変わります．

　IP アドレスの割り当てを受けるとき，組織の規模に応じた数の IP アドレスを受け取りますが，組織の成長計画を勘案して余裕を持ったアドレス数が必要です．一方で IP アドレスの総数には限りがあるので，巨大な組織には大きな数のアドレスブロック，小さな組織には少数のアドレスブロックを割り当てます．

4.6.1 クラス制のアドレス割り当て

IPアドレスの割り当てには，組織の規模に応じたアドレスブロックが必要です．ネットーク接続を希望する組織が少なかった昔は，組織の規模を大・中・小の3種類に分類し，それぞれ決まったブロックサイズのアドレスを割り当てていました（表4.3）．その割り当てブロックのことをクラスA，クラスB，クラスCと呼びます．

表 4.3 クラス制の IP アドレス割り当て

クラス	ネットワーク部ビット数	ホスト部ビット数	ネットワーク内のホスト数	ネットワーク数	先頭3ビット
A	8	24	約 1,600 万	128	0xx
B	16	16	65,536	16,384	10x
C	24	8	256	約 200 万	110

インターネットプロトコルを用いてネットワークに参加しようとする組織は，クラスA，クラスB，クラスCのいずれかのIPアドレスブロックを一つだけ利用することになっていました．あるクラスのIPアドレスブロックではIPアドレス数が不足する場合，それより上位のクラスのIPアドレスを用いることになっていました．

4.6.2 クラス制アドレス割り当ての工夫

先に述べたように，IPアドレスの解釈ではネットワーク部とホスト部の境界位置が重要です．そこでクラス制アドレス割り当てでは，IPアドレスの先頭の最大3ビットを見ると，そのアドレスがどのクラスに所属しているかが一目でわかるように工夫されています．表4.3のように，32ビットのアドレスの先頭が「0」であればそれはクラスA，先頭2ビットが「10」ならクラスB，先頭3ビットが「110」ならクラスCです．

これにより，全体で32ビットあるIPアドレス空間のうち，1/2がクラスA，1/4がクラスB，1/8がクラスCとなります．残りの1/8は特別な用途（マルチキャストと実験用）に割り当てられています．

> **要点整理　クラス制アドレス割り当て**
>
> - **割当基準**：組織の大きさを「大・中・小」に分類
> - **割当方法**：1組織に対し，クラスA, B, Cいずれか一つ
> - **目的**：基幹ルータのテーブル行数を最小限に抑える
> - **工夫点**：割当アドレスの先頭3ビットでクラスがわかる
>   → ネットマスク値が自動的にわかる
>
> ⇓
>
> - クラスBが大量に消費される
> - アドレス利用率が極端に低下

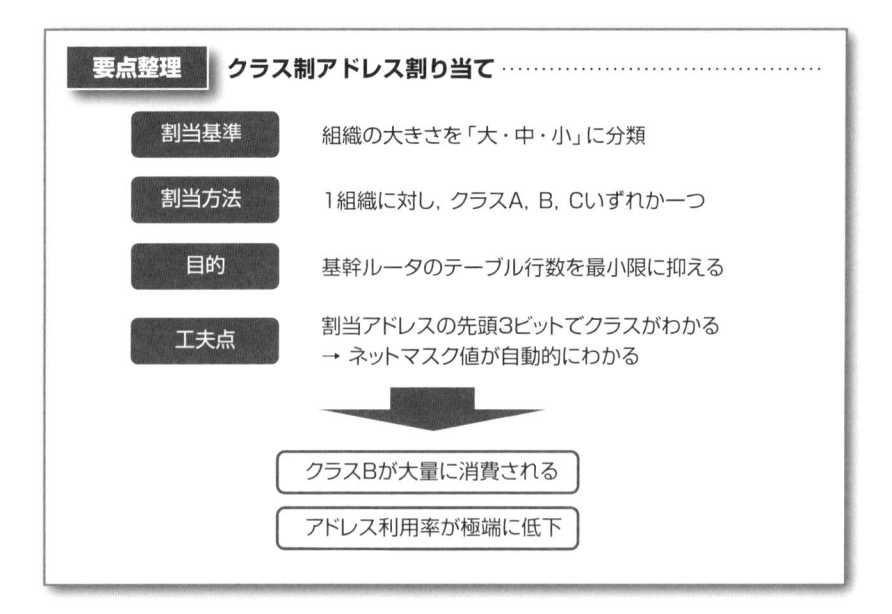

4.6.3　クラス制の破綻とアドレス利用率の低下

　クラス制によるアドレス割り当ては1990年代の初頭まで行われていましたが，実際に割り当てを行ってみるとクラスBの割り当て希望が殺到し，瞬く間にクラスBが枯渇する事態に遭遇しました．これは，クラスCでは組織としてアドレス数が十分でなく，多くの組織がこぞってクラスBを申請したためです．

　クラスCのアドレスブロック1個では収容できない組織に複数のクラスCを割り当てずに，より大きなサイズのブロックであるクラスBを割り当てた理由は，当時の幹線ネットワークのルータ装置においてメモリ容量やCPU速度が十分でなく，複数のアドレスブロックを組織に割り当てるとルータのルーティングテーブルの行数が余分に増えるためです．

　また，このクラス制により割り当てられたIPアドレスのうち，実際に使用されているアドレス数の割合が著しく低下するという問題も生じました．例えば1,000個のアドレスを必要とする組織はクラスBを割り当てられますが，クラスBは約65,000個のアドレス空間があり，実際に使用されるアドレスはわずか2%弱となってしまいます．

4.7　CIDR

　クラス制に基づくIPアドレス割り当てが破綻したため，クラスという概念にとらわれない新たなアドレス割り当て方法として **CIDR**（サイダー）（Classless Inter Domain Routing）が1990年代前半から実施されました．クラス制

ではネットワーク部とホスト部との境界が3種類にしか設定できないことによりアドレス利用効率が著しく悪化する問題を解決するものです．

CIDR方式では，IPアドレスのネットワーク部とホスト部との境界をどの位置にでも自由に設定できるようにしています．

4.7.1 CIDR環境下でのアドレス利用率

CIDRを用いると，ネットワーク接続を希望する組織のアドレス必要数に近い適切な数のアドレスを組織に割り当てることができます．例えば300個のIPアドレスを必要とする組織があったとしましょう．従来のクラス制によると，クラスCでは256個のアドレスしかありませんから，必然的にクラスBの割り当てとなり，膨大な数の無駄な（他の組織が利用できない）アドレスが生じます．

これに対してCIDR方式による場合，まず300個のアドレスを「2のべき乗」の計算に沿って切り上げます（$2^9 = 512$）．これが実際にその組織に割り当てるIPアドレスの数となり，ネットワーク部が23ビット，ホスト部が9ビットのIPアドレスが割り当てられます．別の例として5,000個のアドレスを要する組織では，$2^{13} = 8,192$個となり，ネットワーク部が19ビット，ホスト部が13ビットのアドレスを割り当てます．

このような計算方法によると，組織に対して割り当てたIPアドレスの50%以上が必ず使用され，IPアドレスの消費速度を抑える効果が期待できます．

4.7.2 CIDRを採用するための変更点

CIDRに基づく割り当てルールはたいへん単純です．しかし，クラス制に基づく方法に比べて大きく異なる点が一つあります．それはCIDR方式による場合，IPアドレスの値を見ただけではネットワーク部とホスト部との境界位置がわからないことです．クラス制ではアドレスの先頭3ビットでクラスの判別ができ，境界位置も自動的にわかりましたが，CIDRでは境界が32ビットのアドレスのどこにあるかわからないのです．

そこでCIDR方式では，境界位置は何らかの別の手段を用いて伝達したり記憶することにしました．このため，CIDR対応のルータ装置ではルーティングテーブルの中にネットマスク値やプリフィックス長を記憶する部分が新たに設けられ，同時にこの値を近隣のルータ同士で交換する方法も実装されるようになりました．

4.7.3 経路情報の集約

CIDR方式の利点は他にもあります．ルータ同士がそれぞれのテーブルの内容を交換するルーティングプロトコルについては4.3節で述べましたが，従来のクラス制の下では一つの組織につき必ず一つのルーティングテーブル情報があり，これをルータが互いに交換し合っていました．ですから，例えば世界中に10万社の会社がネットワーク接続しているとすると，10万行のルーティングテーブルとなります．

これに対してCIDRを用い，なおかつあるルータの下に接続される組織が利用するIPアドレスを連続した番号で割り当てると，これら連続した番号の組織のルーティングテーブル情報を一括して1行の情報にまとめることができます．これを**経路情報の集約**（aggregation）と呼び，現代のインターネットできわめて重要な機能となっています．

図4.18を見てみましょう．あるルータXの配下に組織Aと組織Bがつながっています．それぞれの組織がクラス制によるアドレス割り当てを受けていると，ルータXは2組織分の経路情報を隣接ルータYに提供しなければなりません．これに対して，もし組織A，BがCIDR方式で同じ数のアドレス割り当てを受けているとすると，二つの組織分のアドレスを合算し，プリフィックス長を1ビット分だけ短くした経路情報一つをXからYに送れば，Yとその先のルータにとっては組織AとBは共にXの配下の一つの組織のように見え，テーブル行数が1行で済みます（ただしXの上ではAとBは別々のルーティング情報として扱います）．

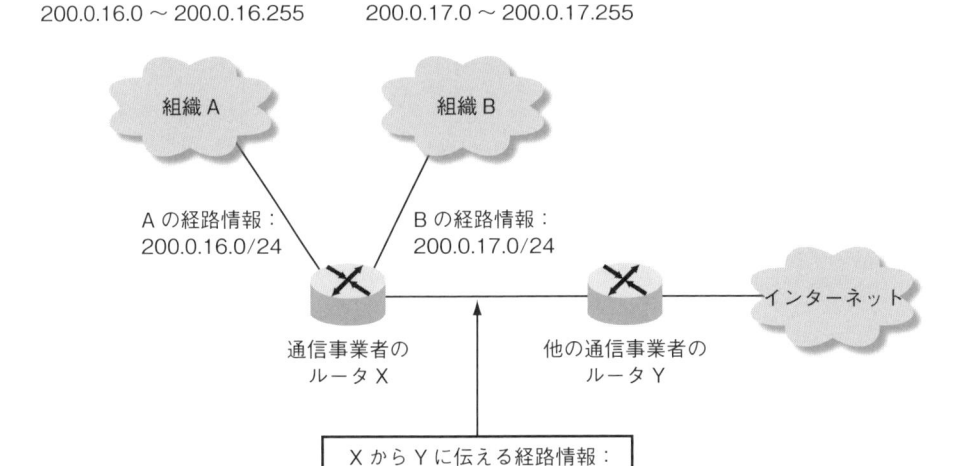

使用アドレス：
200.0.16.0 〜 200.0.16.255

使用アドレス：
200.0.17.0 〜 200.0.17.255

組織A

組織B

Aの経路情報：
200.0.16.0/24

Bの経路情報：
200.0.17.0/24

通信事業者の
ルータX

他の通信事業者の
ルータY

インターネット

XからYに伝える経路情報：
200.0.16.0/23

図4.18　経路情報の集約

同様に図 4.19 では，ルータ X の配下に組織 A ～ F があり，それぞれの IP アドレスブロックの大きさも異なります．しかしこれらが連続した IP アドレスであれば，ルータ X からルータ Y に渡す経路情報はやはり一つに集約できます（C ～ F の 4 個分が B と同じ大きさとなり，B ～ F の 5 個分が A と同じ大きさとなる）．

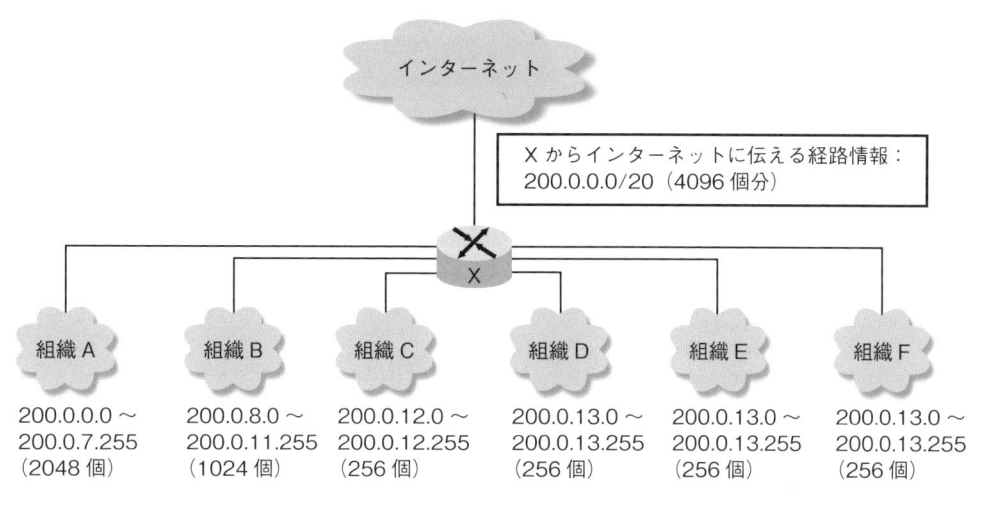

```
                    インターネット
                         │
                    ┌────────────────────────────────────┐
                    │ X からインターネットに伝える経路情報： │
                    │ 200.0.0.0/20（4096 個分）            │
                    └────────────────────────────────────┘
                         │
                         X
   ┌──────┬──────┬──────┼──────┬──────┐
   組織A   組織B   組織C   組織D   組織E   組織F
 200.0.0.0～ 200.0.8.0～ 200.0.12.0～ 200.0.13.0～ 200.0.13.0～ 200.0.13.0～
 200.0.7.255 200.0.11.255 200.0.12.255 200.0.13.255 200.0.13.255 200.0.13.255
 （2048個） （1024個）  （256個）   （256個）   （256個）   （256個）
```

図 4.19 大規模な集約

実際に CIDR では，インターネットサービスプロバイダ（ISP）の単位で経路情報を集約しますから，理想的にはプロバイダ単位で経路情報が一つに集約できることになります．

4.7.4 経路集約に必要な作業

上述のように CIDR を用いると，経路情報の量を劇的に削減でき，幹線ネットワークでの経路情報交換の効率化が期待できます．しかし CIDR で経路情報の集約ができるためには，IP アドレスを連続して割り当てなければならないという制約があります．

CIDR 方式が一般化する以前は，ネットワーク接続する各組織はそれぞれ独自にアドレス割り当て機関から IP アドレスの割り当てを受けていましたが*，これでは接続する ISP 単位でアドレスが連続しないので，経路情報を集約できません．そこで，ISP がまとめて IP アドレスの大きなブロックを仮に取得しておき，この中から顧客に IP アドレスを割り当てる方法が一般化しました*．

ISP に仮割り当てされるアドレスは大きなひと塊（かたまり）のブロックですから，このアドレスを表現する経路情報は一つで済み，このブロックに小さな組織がいくつ収容されてもインターネットの幹線上では経路情報の行数が増えないという利点が生まれます．

➡ 組織が独自に取得する IP アドレスを PI（Provider Independent）アドレスと呼ぶ．

➡ ISP から割り当てを受ける IP アドレスのことを PA（Provider Aggregatable）アドレスと呼ぶ．

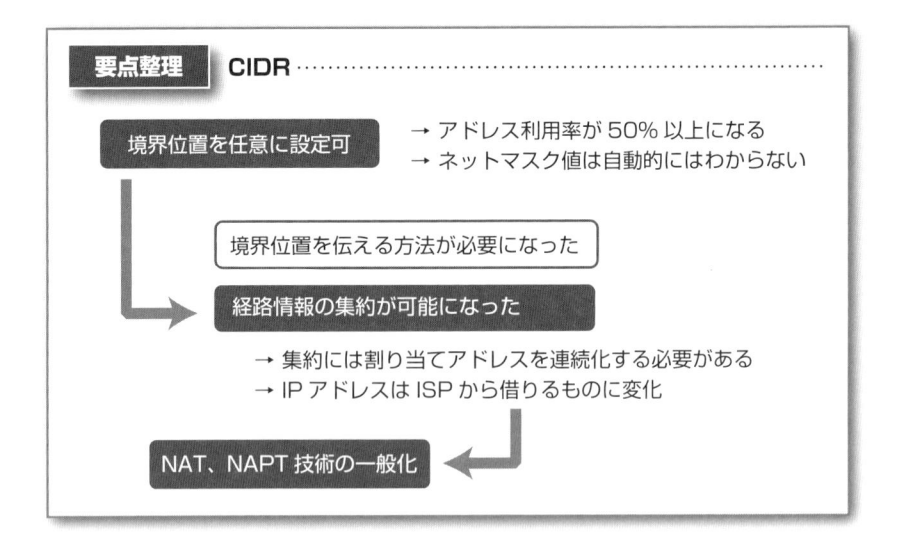

```
┌─────────────────────────────────────────────────────────────┐
│ 要点整理   CIDR ·············································· │
│                                                             │
│   ┌──────────────────┐   → アドレス利用率が 50% 以上になる     │
│   │ 境界位置を任意に設定可 │   → ネットマスク値は自動的にはわからない │
│   └────────┬─────────┘                                       │
│            │     ┌──────────────────────────┐               │
│            │     │ 境界位置を伝える方法が必要になった │               │
│            │     └──────────────────────────┘               │
│            └──→ ┌──────────────────────────┐               │
│                  │ 経路情報の集約が可能になった   │               │
│                  └──────────────────────────┘               │
│                     → 集約には割り当てアドレスを連続化する必要がある │
│                     → IP アドレスは ISP から借りるものに変化      │
│                  ┌──────────────────────────┐               │
│                  │ NAT、NAPT 技術の一般化        │←──────────┘  │
│                  └──────────────────────────┘               │
└─────────────────────────────────────────────────────────────┘
```

4.7.5 CIDR を用いる問題点とその解決方法

　CIDR によるアドレス割り当てを行うと，一見，よいことばかりが起こるように見えますが，ネットワークを利用する組織にとっては都合が悪いことも起こります．それは，従来型の IP アドレスが**組織に対して割り当てられる**のに対し，CIDR 型の IP アドレスは **ISP からアドレスを借りる**こととなり，ISP を変更すると使用する IP アドレスも変更しなければならなくなる点です．

　家庭内のネットワークや小規模な組織の場合は，割り当てられる IP アドレスが変わっても大きな問題にはなりません．しかし，ネットワークの規模がある程度大きくなると，プリンタやファイルサーバ，各種監視装置など様々な機器が相互接続されるため，一度決めた IP アドレスを後から変更する作業はきわめて困難です．

　この問題を解決する技術が**ネットワークアドレス変換**（**NAT**：Network Address Translation）です（図 4.20）．NAT は，組織に割り当てられたものとは異なるアドレスを組織内で使用し，組織とインターネットとの境界にある装置でパケットの IP アドレスを書き換える技術です．書き換えは，IP パケットのヘッダ情報に書かれた発信者・宛先 IP アドレスを，あらかじめ決められたルールに従って自動的に変換します．NAT を用いると，組織への割り当てアドレスが変更になっても NAT 上の書き換えルールを修正するだけで済み，1 か所のデータの修正だけで組織内全体の IP アドレスを変更したことと同じ効果が得られます．

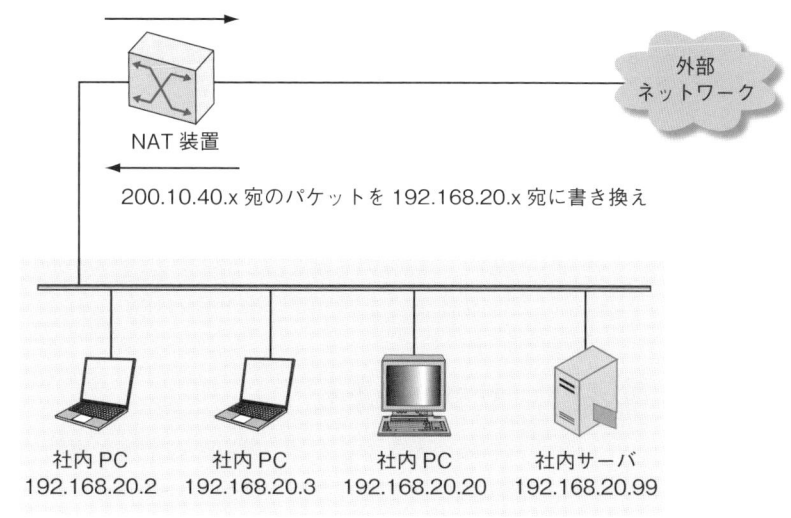

192.168.20.x 発のパケットを 200.10.40.x 発に書き換え

NAT 装置

200.10.40.x 宛のパケットを 192.168.20.x 宛に書き換え

外部ネットワーク

社内 PC
192.168.20.2

社内 PC
192.168.20.3

社内 PC
192.168.20.20

社内サーバ
192.168.20.99

組織に割り当てられた IP アドレス＝200.10.40.0/24

図 4.20　ネットワークアドレス変換

> **Column　プライベートアドレス**
>
> 　NAT を利用する場合，注意すべき点が一つあります．それは組織の中で用いる IP アドレスとして，インターネット上に実在する IP アドレスを用いると不具合が起こる（組織内からその相手と通信できなくなる）ことです．そこで，インターネット上の IP アドレス割り当てルールでは，どの組織にも割り当てられないことを保証したアドレスが設けられています．これを通称，**プライベートアドレス**と呼びます．プライベートアドレスは次の範囲が定義されています．
>
> 　　　　　10.0.0.0 ～ 10.255.255.255
> 　　　　　172.16.0.0 ～ 172.31.255.255
> 　　　　　192.168.0.0 ～ 192.168.255.255
>
> 　NAT 環境下では組織内でどのような IP アドレスでも利用できますが，実際にはプライベートアドレスを利用することが一般的です．

4.7.6　NAPT

　NAT をさらに発展させた技術が **NAPT**（Network Address and Port number Translation）です．通常の NAT は組織内のホストが利用している IP アドレスをその組織に割り当てられた IP アドレスに対して 1 対 1 で変換しますが，NAPT は組織に割り当てられた IP アドレス m 個に対して組織内のホストのアドレス n 個をマッピングさせる $m:n$ の変換を行います．組織に対して割り当てられたただ一つの IP アドレスを組織内の複数ホストで共有する $1:n$ の変換によく用いられます．

　NAPT の詳細については第 5 章で説明します．

4.8 サブネット化

組織へのアドレス割り当ての話題を終えて，次に組織内部でのネットワーク構成に話を進めます．

ホスト数が 10 〜 20 台程度までの小規模な組織では，イーサネットなどを用いて組織内に一つのネットワークを作り，そこにすべてのホストを接続します．しかし組織がある程度の大きさになると，組織ネットワークを分割して利用する形態が一般的となります．組織のネットワークを内部で細分化することを**サブネット化**と呼びます．

4.8.1 サブネット化

組織が大きくなると，構成員の業務が専門性を帯びてきます．例えば会社組織であれば営業部，開発部，総務部，役員室など，それぞれ異なる役割を持った小グループに分かれます．このとき，異なる小グループが持つデータやサーバへのアクセスを制限したいケースが発生します．例えば総務部には従業員の給与データがありますが，一般の従業員のアクセスは阻止したいと考えるのが普通です．同様に営業部には顧客データが，開発部には企業秘密の新製品情報が，役員室には財務データがあり，それぞれ特定のユーザ以外には利用されたくないということが考えられます．データだけでなく，プリンタやスキャナなどの周辺装置の利用を制限したいこともあるでしょう．

➡ネットワークの利用用途や接続先についての規約．

このように社内で**ネットワーク利用ポリシー***が異なるメンバーが混在する場合，社内ネットワークをサブネット化して，ポリシーごとに利用者が使うネットワークを区別します．すると，異なるネットワーク上のサーバや周辺機器を利用する場合，パケットはネットワークを相互接続しているルータを必ず通ることになり，ここでアクセス監視（モニタリング）やアクセス制限ができるようになります．全員が一つのネットワークに所属している場合は，個々のホストはデータリンク層プロトコルで直接通信してしまいますから，その通信を第三者がモニタリングしたりアクセス制限をかけたりすることはできません．

このようにサブネット化は，組織内部のネットワーク利用ポリシーに沿って利用制限や利用記録を取り，セキュリティ機能を高める役割を果たします．

> **要点整理　サブネット化**
> - 組織内のセキュリティ強化
> - 割り当てを受けたネットワークを分割して使う
> - 異なるポリシーの利用者は別々のサブネットに分ける
> - サブネットをまたぐ通信はすべてルータを通る
> - ルータ上でトラフィックのモニタやアクセス制限が可能
> - ネットワーク部とホスト部の境界を右に n ビットずらせる

4.8.2　サブネット化の方法

　サブネット化は，組織に割り当てられた IP アドレスにおけるネットワーク部とホスト部との境界位置を，組織内の PC だけが右方向にずらせて解釈することで実現します．図 4.21 は，プリフィックス長が 16 ビットの IP アドレスを 16 個のサブネットに分割する例を示しています．境界位置を右に 4 ビットずらせると，20 ビットのプリフィックス長を持ったサブネットが 16 個できあがります．同様に右に 3 ビットずらせると，19 ビットのプリフィックス長のサブネットが 8 個できあがります．

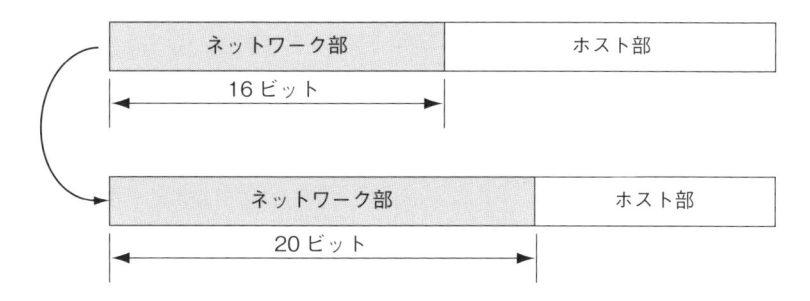

組織に与えられた IP アドレスのネットワーク部・ホスト部の境界を，社内ユーザだけが右に n ビットずらせて解釈する

図 4.21　サブネット化

　このようにサブネット化は，境界位置を右に n ビットずらせることで実現します．組織の外から見ると一つのネットワークのままですが，内部では 2^n 個に分割されているように個々のネットワーク装置を構成します．サブネットの総数は必ず 2 のベキ乗個（2^n 個）となり，それぞれのサブネットに収容できるホストの数はサブネット化をしない場合の $1/2^n$ 倍となります．

　組織内でサブネットを何個作るかは，それぞれの組織のポリシーによります．ネットワーク利用ポリシーの数だけサブネットを作って利用者を分

類すると取り扱いが簡単ですが，サブネットの数が2のベキ乗に限定されること，また各サブネットのホスト数が同一に揃えられるため，サブネットごとのユーザ数にばらつきがあると利用できなくなるアドレスが増えるなど*，注意すべき点も考えられます．また，サブネット化するとそれぞれのサブネットの最初のIPアドレスと最後のIPアドレスが使用できなくなる*点も注意が必要です．

➡ 分割損という．

➡ 4.5.7項と同じ理由による．

> **Column　VLSM**
>
> 本文ではサブネットごとのホスト数はすべて同一に揃えられると説明しましたが，現代のシステムではサブネットのホスト数をサブネットごとに異なる値にすることもできます．これを**可変長サブネットマスク**（**VLSM**：Variable Length Subnet Mask）と呼びます．少し古いコンピュータOSはVLSMを理解できないので注意が必要です．
>
> VLSMを利用するときは，サブネットごとのネットワークのサイズの設計に注意が必要です．サブネット化の対象となるアドレスブロックをまず最大の大きさのサブネットで均等に分割し，そのうちの一つをさらに均等な大きさで分割し，というように階層構造を持った分割が必要となります（図4.22）．
>
> (a) アドレスブロックをまず4分割　　(b) (a)のブロックAを4分割，ブロックBを2分割
>
> **図4.22　VLSMによるアドレス分割**
>
> また，VLSMを用いるときは社内のルータ装置が用いるルーティングプロトコルにも注意が必要です．単純なルーティングプロトコルはVLSMに必要なネットマスク情報を相互に伝える機能がないので，VLSMを理解できるルーティングプロトコルを選んで組織内ネットワークを設計する必要があります．

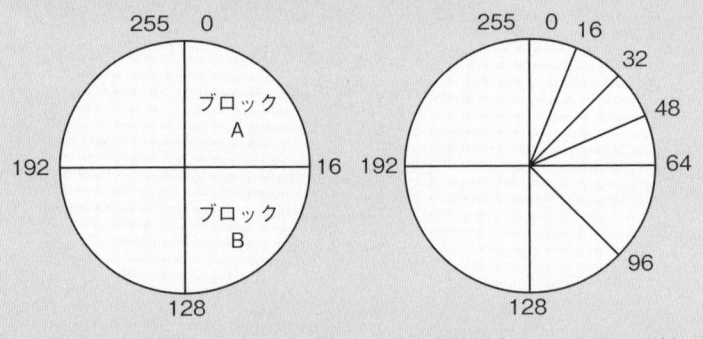

4.9　DHCP

　ホストに割り当てるIPアドレスに関連して，忘れてはならない重要なプロトコルがあります．それが**DHCP**（Dynamic Host Configuration Protocol）です．ホストのIPアドレスは，そのホストが所属しているネットワークのネットワーク番号を含んでいて，広大な中継網の中のどこにそのホストがあるかを示しています．

ところがノート型パソコンが普及して PC を持ち歩いて利用する機会が増えると，接続先が変わる都度，ホストの IP アドレスを変更しなければなりません．また前節でも説明したように，組織内をサブネット化しているときは組織の中でも場所によってネットワーク番号が異なり，やはり IP アドレスをつけ直さなければなりません．これでは不便ですから，ホストをネットワークに接続すると自動的に IP アドレスが割り当てられるようにする技術が求められます．DHCP はこのような用途に用いるプロトコルです．IP アドレスをはじめとするホストの各種ネットワーク設定パラメータを DHCP 用のサーバにあらかじめ記述しておき，ホストから割当要求が届くと管理しているアドレス一覧からその時点で使用されていないアドレスを一つ選び，要求してきたホストに一定時間だけ貸与します．

DHCP を利用するホストは，ホストがネットワークに接続されると DHCP 要求をサーバに送ります．ただし，ここでホストは自身の IP アドレスすら知りませんから，DHCP サーバの IP アドレスを知っているはずがありません．そこでホストはブロードキャスト宛にパケットを投げ，DHCP サーバを探してアドレス情報を取得します*．図 4.23 は DHCP の動作を示しています．

➡所属ネットワークのネットワーク番号もわからないので，ここで使用するブロードキャストアドレスは 255.255.255.255 という特別な IP アドレスを宛先として用いる．

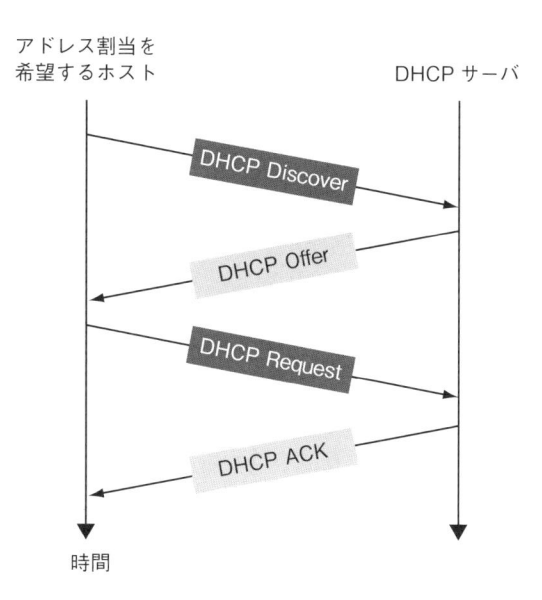

図 4.23　DHCP プロトコル

調査課題

1. 本文では，目的ホストに到達するための経路情報はルータが保持するとしていましたが，ルータが保持しない方法もあります．これらの方法を調査して，それぞれの特徴を議論しなさい．

2. IPネットワークのルーティングテーブル操作では，longest matchと呼ばれるルールで参照が行われます．longest matchとはどのような概念で，なぜ必要なのかを調査して議論しなさい．

3. ルーティングプロトコルにはDistance Vector型とLink State型と呼ばれる方式があります．それぞれどのような方式かを調査して，特徴を議論しなさい．

4. EGP（Exterior Gateway Protocol）に該当する方式を一つ探し，特徴を議論しなさい．

5. IPv6プロトコルについて調査し，IPv4との対比で特徴を議論しなさい．

6. IPv6ではARPプロトコルを用いないアドレス解決が可能です．その理由を調査して議論しなさい．

7. ネットマスク値が255.255.255.254のネットワークは存在しません．その理由を議論しなさい．

8. tracerouteコマンドの動作原理を調査して議論しなさい．あわせてIPv4プロトコルのTTLフィールドの存在意義を説明しなさい．

9. 非コネクション型のプロトコルであるIPにおいて，非コネクション型の欠点を補うためにICMP（Internet Control Message Protocol）と呼ばれるものが使われています．ICMPとは何か，調査して議論しなさい．

10. DHCPプロトコルの詳細を調べて報告しなさい．

11. IP通信では，特定の相手と通信するユニキャスト以外にブロードキャスト，マルチキャスト，エニーキャストと呼ばれる方式があります．ここで特にマルチキャストについて調査して概要を報告しなさい．

12. インターネットサービスプロバイダ（ISP）間の経路制御技術の中にホットポテトルーティングと呼ばれる考え方があります．EGPにおけるポリシーの表現方法の一つとして位置付けられるこの考え方について説明しなさい．

第5章 トランスポート層プロトコルの主要技術

第5章ではトランスポート層プロトコルで用いられている主要技術について説明します．トランスポート層は通信の最終当事者となる2点間で高信頼通信を実現するたいへん重要な役割を担っています．とりわけインターネットでよく用いられているTCPは，高信頼化のために様々な工夫が凝らされています．ここではこれらの工夫の一端を紹介します．

5.1 トランスポート層プロトコルの目的

トランスポート層は，通信の最終当事者間（End-to-End）における情報伝達の高信頼化を担います．高信頼化とは，メッセージやデータに誤りがなく，欠落がなく，順序通りに伝わることを指しています．高信頼伝送の実現には，ARQ（Automatic Repeat reQuest）技術を両端の当事者（End）同士の間で用います．トランスポート層は当事者間（End-to-End）に任意のビット列*を双方向に流せる仮想的な専用通信路（バーチャルサーキット：Virtual Circuit）を提供するものと言えます．

➡ 2点間でやり取りする任意のビット列データの塊をストリームと呼ぶ．

また，トランスポート層はより上位の階層のプロトコルから見て，通信しようとするネットワークの詳細（品質はどうか，どのようにつながっているか，伝送媒体は何かなど）についての情報を隠し，ネットワークの状況がどうであれ，一様なサービスを上位層に対して提供することも目的としています．これにより，上位層のプロトコルは実際の通信路の詳細を考慮に入れずにプロトコル設計ができ，簡略化が期待できます．

5.2 TCP

インターネットで用いられるTCP/IPプロトコルにおいて，トランスポート層を担う部分がTCP（Transmission Control Protocol）です．TCPは2.5節で説明した基本的な分類のうち，コネクション指向の方法を用います．コネクション指向は，通信相手（ここでは中継器を経てつながっている最終の通信相手）の**状態**を常に把握し，状態に応じて適切なパケットを順次送る方法です．

> **要点整理** TCP
> - End-to-Endでの高信頼通信を提供
> - コネクション指向のプロトコル
> - 順序番号を用いて相手の状態を把握
> - ポート番号によるストリーム識別機能

TCPでは，フォーマットに従って作られたパケットを**セグメント**，通信の発信元を**始点**，宛先を**終点**と呼びます．本書でもこの用語を用います．

図 5.1 は TCP セグメントの構造です*．セグメントのヘッダ部分にはトランスポート層でのアドレス情報に該当する**ポート番号**（始点ポート番号と終点ポート番号），順序番号，ウィンドウサイズなどの情報が含まれています．データ部分には上位層プロトコルのデータがそれらのヘッダとともに格納されています．

➡ ヘッダ情報の詳細は意図的に提示していない．調査課題参照

```
 0        8       16       24      31
┌─────────────────┬─────────────────┐
│  始点ポート番号 │  終点ポート番号 │
├─────────────────┴─────────────────┤
│             順序番号              │
├───────────────────────────────────┤
│           受信確認番号            │
├──────┬────────┬───────┬───────────┤
│ヘッダ長│予約   │ コード│ウィンドウサイズ│
│      │(すべて0)│ ビット│           │
├──────┴────────┼───────┴───────────┤
│  チェックサム  │   緊急ポインタ    │
├────────────────┼──────────────────┤
│   TCP オプション│       PAD        │
├────────────────┴──────────────────┤
│       アプリケーションデータ      │
└───────────────────────────────────┘
```

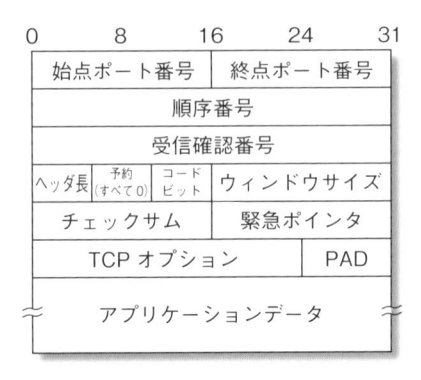

図 5.1　TCP セグメントの構造

5.3　ポート番号

ポート番号は，IP アドレスで指定されたホストから出入りするストリームの識別機能を提供します．現代のコンピュータでは，OS のマルチタスク機能により複数のプログラム（プロセス）が同時に動きます．ここで，ホストに到着したパケットをどのプロセスに引き渡せばよいのか，またはどのプロセスから送出されたデータ列であるかを識別できるようにポート番号が用いられます．

➡ 一部例外がある．

ポート番号は 16 ビットの数値で，ネットワークを利用するプロセスに対して，ホスト内で他と重複しない番号を利用します*．TCP/IP のパケットはすべて IP アドレスとポート番号を用いて区別されますから，ポート番号はネットワーク上の**アドレス情報の一部**と考えるとよいでしょう．

ポート番号は，一つのコンピュータの中で互いに重複しない限り，用いる番号に制約はありません．しかし勝手な番号を用いると，通信相手を特定するために IP アドレス以外にポート番号も覚えなければならないので，他の利用者からの通信を待ち受けてサービスを行うコンピュータ（サーバ）では，提供するサービスの種類に応じて決まったポート番号を用いてサービスを提供します．

表 5.1 公知のポート番号（抜粋）

サービス名	役割	ポート番号
echo	TCP レベルでのメッセージ折り返し確認	7
discard	TCP レベルでの接続性確認	9
ftp-data	ファイル転送プロトコル（データ）	20
ftp	ファイル転送プロトコル（コマンド）	21
telnet	コマンドラインによる遠隔操作	23
smtp	メール配送	25
domain	ドメインネームシステム	53
www-http	Web サービス	80
pop3	メール受信	110
sunrpc	リモートプロシージャコール	111
ntp	時刻情報配信	123
imap	メール受信	143
https	暗号化 Web サービス	443
pop3s	暗号化メール受信	995
nfsd	ネットワークファイルシステム	2049

➡終点側の番号.

　表 5.1 は，よく利用される通信サービスごとに決められたポート番号➡の一覧です．正しくは**公知のポート番号**（well-known ports）と呼びます．WWW のサービスを提供するサーバが使う 80 番ポートや電子メールの転送に使われる 25 番ポートなどは特に有名です．

■ **特権ポート**

　ポート番号のうち，1～1023 の範囲を**特権ポート**（privileged ports）と呼びます．コンピュータの中でプログラムを動かすとき，この範囲のポート番号を持つプログラムはそのコンピュータの**管理者権限**がないと動かせません．そのコンピュータにとって重要なサービスを動かす場合は，一般に特権ポートを使います．

　ただしこの特権ポートの考え方は，大型コンピュータをたくさんの人が共同で利用する場合に，一般利用者と管理者を区別する必要性から設けられたものです．今日ではパソコンの利用が一般的で，誰もがコンピュータの管理者ですから，特権ポートの考え方は意味を失ったと言えるでしょう．

■ **レジスタードポート**

　1024～49151 の範囲を**レジスタードポート**（registered ports）と呼びます．様々なネットワークアプリケーションが固有に使うポート番号を登録して使用します．インターネットにおける番号関係の管理を行う団体がこの範囲のポート番号の登録を受け付け➡，登録情報を公開しています．登録は誰でも行えます．

➡排他的な登録はできない．

　特権ポートは管理者しか使えないように OS が保護していますが，レジ

スタードポートは誰でも自由に利用でき，番号管理団体に登録する必要性はまったくありません．ネットワークを流れているパケットがどのようなアプリケーションの出力か知りたい場合に一覧表を参照する程度で，それ以上の意味はほとんどありません．

やや古いOSのTCP/IP実装ではレジスタードポートの概念がなく，この範囲は次に説明するエフェメラルポートの一部として扱われています．

■ エフェメラルポート

49152〜65535の範囲を**エフェメラルポート**（ephemeral ports）と呼びます．エフェメラルは「短命な」という意味です．

第6章で詳しく説明しますが，ネットワーク上で何らかのサービスを他のコンピュータに提供する**サーバ**に対して，そのサービスを利用する側を**クライアント**と呼びます．クライアントは他のコンピュータからの通信要求を待ち受ける必要がないので，クライアント側ではIPアドレスやポート番号などの情報を決まった値に固定しておく必要がありません．

そこでクライアント側のコンピュータやアプリケーションがTCPを用いるときに，自分が用いるポート番号は特定の値に固定せず，空いている番号を適宜使用します*．このように動的に使うポート番号がエフェメラルポートです．TCPの接続が終了すると使用されていたポートが解放され，その番号はもう使われなくなります．

> ➡エフェメラルポートを用いる理由については調査課題参照．

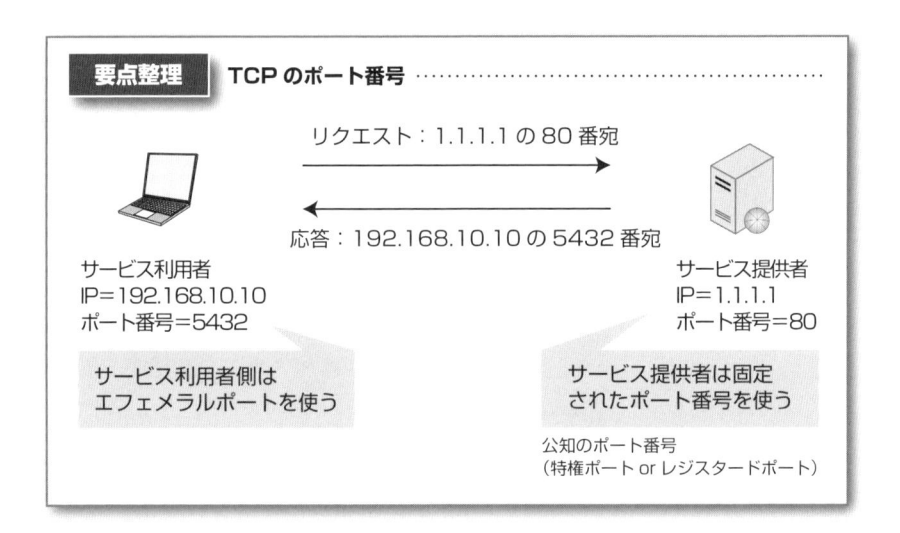

要点整理　TCPのポート番号

リクエスト：1.1.1.1の80番宛
応答：192.168.10.10の5432番宛

サービス利用者
IP=192.168.10.10
ポート番号=5432

サービス提供者
IP=1.1.1.1
ポート番号=80

サービス利用者側はエフェメラルポートを使う

サービス提供者は固定されたポート番号を使う
公知のポート番号
（特権ポート or レジスタードポート）

5.4　スライディングウィンドウと順序番号

3.7節でデータリンク層の場合についてお話ししましたが，高信頼な通信はARQ（Automatic Repeat reQuest：自動再送要求）によって実現し

ます．ネットワークの伝搬距離が長いときなど，確認応答パケットの返送が遅い場合の高速化手段が Go Back N（GBN）や Selective Repeat（SR）です．TCP では実装によって様々な ARQ の方法が用いられていますが，互いに異なる実装方法の相手同士でも問題なく通信できるように工夫がされています．

TCP が使う典型的な ARQ 手順は次のようになっています．まず TCP ではデータとして送信しようとするストリーム（ビット列の塊）に対して，1 バイトごとに**順序番号**を設定します[*]．TCP のヘッダの中には，そのセグメントに含まれるデータの最初の 1 バイト目に対する順序番号が書かれています．また TCP ヘッダには，通信相手のホストから過去に受け取って受領確認を行ったセグメントの順序番号が**受信確認番号**として書き込まれています[*]．TCP では，セグメントのヘッダに書かれた順序番号と受信確認番号を用いて，GBN 方式に近い ARQ を行います．

GBN 方式ですから，送信側は送出したセグメントの応答確認が戻ってくる前に数個のセグメントを先送りしています．このとき，相手から受け取った応答確認の最後の番号と，相手に送ってしまった最後の順序番号との差が一定値を越えないように先送りの速さを調節します．この番号の差の最大値が**ウィンドウサイズ**です．また，ウィンドウの概念によって送信データの先送り量を調整するメカニズム全体を**ウィンドウ制御**と呼びます（図 5.2）．ウィンドウサイズは TCP セグメントのヘッダに書いてあり，このセグメントを送信したホストが持っている受信バッファのサイズを表しています．これにより，受信側は送信側に対してこれ以上のデータを先送りしないように要請していることになります．

➡ データリンク層の ARQ ではフレーム毎に順序番号を設定する．

➡ 正確には受領確認したセグメント内の最終バイトの順序番号に 1 を加えた値．これは次に送ってほしいデータの順序番号となる．

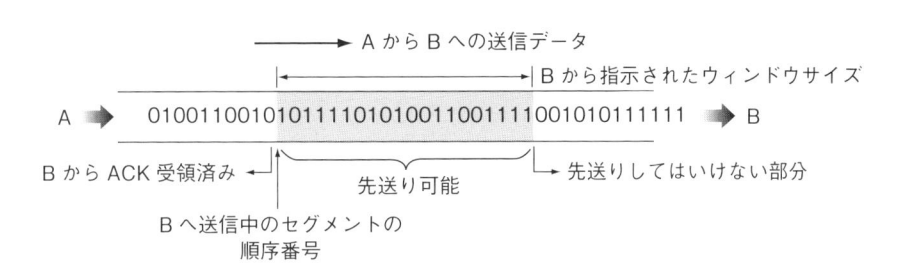

```
              ──────→ A から B への送信データ
                    ├────────┤B から指示されたウィンドウサイズ
   A ➡  01001100101011110100110011110010101111  ➡ B
        ├──────────┤
        B から ACK 受領済み   先送り可能    先送りしてはいけない部分
                    B へ送信中のセグメントの
                         順序番号
```

図 5.2　TCP でのウィンドウ制御

5.5　輻輳制御とスロースタートアルゴリズム

多数の TCP ストリームが同時に通過しているルータを考えてみましょう（図 5.3）．ルータ X には 3 台の PC からパケットが流入し，右側に送出します．ルータの入出力はすべて同一速度（例えば 10 M ビット／秒）とします．

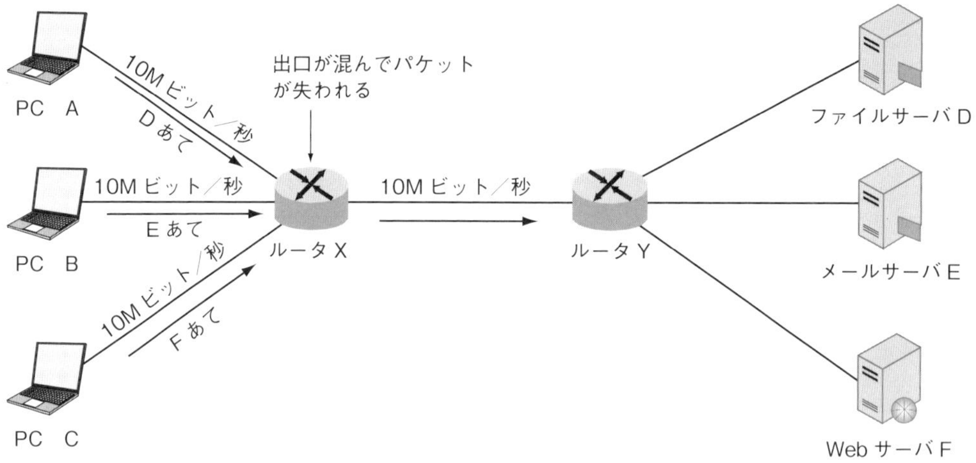

図5.3 輻輳

　この図で，もしA，B，Cの3台のPCがそれぞれの相手に対してリンクの最大速度でTCPセグメントを送るとどうなるでしょう？ A，B，Cから10Mビット／秒の速度でパケットがXに届きますが，Xの出口も10Mビット／秒しかないので，ルータX上でパケットが渋滞を起こします．送信できないパケットはルータ内のバッファメモリで一時保管され，順番待ちとなりますが，パケットの流入速度が速いのでやがてバッファメモリが溢れ，到着したパケットが失われます※．

➡この理由により，広域ネットワークでは中継段数が少ない経路を選択することが賢い．

　パケットが失われると，終点ホストは届いたTCPセグメントの順序番号が連続していないことに気がつき，再送要求を行います※．送り直しのセグメントは通常のTCPセグメント送信に加えて送られるので，再送要求が発生すると流れるパケットは再送要求がない場合よりも増えます．すると，ただでさえ混んでいるルータ出口がさらに混むことになり，より多くのパケットがバッファメモリから溢れて消えてしまいます．それがまた再送要求を生み，ネットワーク上のパケットが増え，…と悪循環が繰り返され，やがてルータ出口が完全に詰まってしまうような状況に陥ります．これを**輻輳**と呼びます．

➡失われたと思われるセグメントの順序番号を相手に返す．

　輻輳を緩和するには，ルータに流入するパケット総量を強制的に減らす以外に方法はありません．そこでTCPでは，相手から受け取ったTCPセグメントの順序番号が不連続な場合，**途中のネットワークが混雑**していると判断し，ウィンドウサイズを自動的に小さくします．ウィンドウサイズが小さくなると，確認応答を待たずに先送りするセグメントの数が減り，平均的な通信速度を低下させる効果があります．これが**輻輳制御**と呼ばれる技術です．

　またTCPでは，通信相手と接続した最初はウィンドウサイズを最大限

に用いず，確認応答が正常に戻ってくることを確認しながら少しずつ先送り量を大きくする制御が行われます．これを**スロースタートアルゴリズム**（slow start algorithm）と呼びます．

輻輳制御やスロースタートの方法は，OSのバージョンごとに改良が加えられていて，伝送帯域を有効に活用するために様々な工夫が凝らされています．

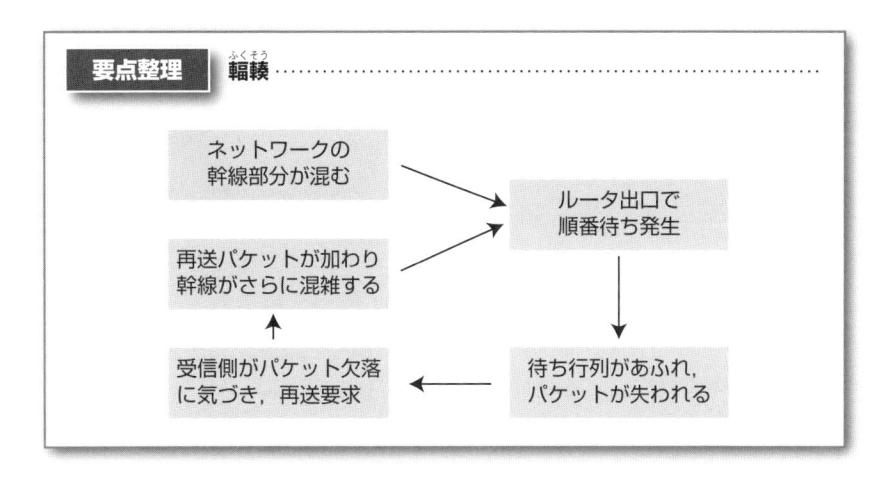

要点整理　輻輳

- ネットワークの幹線部分が混む
- 再送パケットが加わり幹線がさらに混雑する
- 受信側がパケット欠落に気づき，再送要求
- ルータ出口で順番待ち発生
- 待ち行列があふれ，パケットが失われる

5.6 コネクションの確立と解放

TCPで順序番号による高信頼伝送が確実に行われるには，当事者が相手の状態を常に把握している必要があります．とりわけTCP/IPのネットワーク層（IP）部分は信頼性を保証しない非コネクション型通信ですから，相手の状況を正確に把握しながら高信頼伝送を実現することはきわめて重要です．

そこでTCPでは，相手と実際のデータ転送を始める前に，コネクション確立の手続きを行います．コネクションの概念については2.5節でも触れましたが，ここでもう一度復習をしましょう．コネクションは通信相手と**論理的につながった状態**を指し，それぞれの機器が相手との接続状態を確認しながらメッセージやデータをやり取りします．

■ コネクションの確立

始点ホストが終点ホストとコネクションを確立する様子が図5.4です．TCPセグメントが1往復半し，三つのパケットにより確立されることから，**3 way Handshake**と一般に呼ばれています．この手順によって，両側のホストは双方が使用するTCPパラメータの初期値を相手に伝えます．なかでも重要なパラメータは，順序番号の初期値[*]と，自分が処理できるウィンドウサイズです．

➡順序番号の初期値はゼロではない．セキュリティ的な配慮から乱数で決める．

```
        ホストA              ホストB
          │                    │
          │   接続要求（SYN）    │
          │──────────────────▶ │
          │                    │
          │ 接続確認と逆方向接続要求│
          │    （SYN＋ACK）     │
          │ ◀──────────────────│
          │                    │
          │   接続確認（ACK）    │
          │──────────────────▶ │
          ▼                    ▼
         時間
```

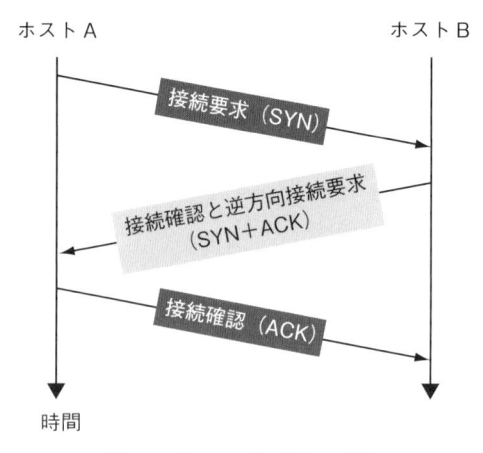

図 5.4　3way ハンドシェイク

　当事者双方がこれらのパラメータを確実に相手に伝えるには，すべての送信セグメントについて相手から受領確認をもらわなければなりません．そこで図 5.4 では，最初の**接続要求**（SYN）でホスト A のパラメータを B に渡します[*]．B は SYN ＋ ACK パケットにより A からの SYN の受領確認を返送するとともに，B 側のパラメータを A に渡します．最後に，A が B からの SYN ＋ ACK に対する受領確認（ACK）を返送して A と B との状態が一致することとなります．

➡ これを一般に SYN パケットと呼ぶ．シンクロナイズ（Synchronize）を意味する.

　この一連の流れで，3 番目のパケットはあまり意味がないように見えます．しかし，TCP は信頼性を保証しない IP 層で中継されています．例えばルーティングテーブルの管理不備などから A から B 宛にパケットが正常に飛んでも，逆に B から A 宛にはパケットが届かない状況も考えられます．このような状況では 3way Handshake を行わないと，片側は相手と接続完了したつもりなのに，反対側はつながったと認識していない，という状況に陥る可能性があります．

　なお，3 つ目の TCP セグメント（ACK）が相手にきちんと届いたかどうかは，引き続き行われるデータ伝送において，相手からの確認応答が届くことでわかる仕組みになっています．

■ コネクションの解放

　コネクション状態を終了する解放操作は，コネクション確立よりも複雑です．解放は図 5.5 のように，四つのパケットを用いて行われます．高信頼な通信を行うには，自分が送出したパケットすべてについて相手から応答確認を受けることが基本となりますが，通信の終了時は最終パケットに対する応答はない[*]ので複雑な手順となります．

➡ 応答があるならそれは最終パケットではない.

　TCP のコネクション解放手順は，A から B 宛の方向と B から A 宛の方向の二つのやり取りのそれぞれで切断作業を行います[*]．このため，A から B への通信終了指示（FIN パケット）とそれに対する確認応答が双方から行われます．

➡ どちら側から切断してもよい.

5.6 コネクションの確立と解放

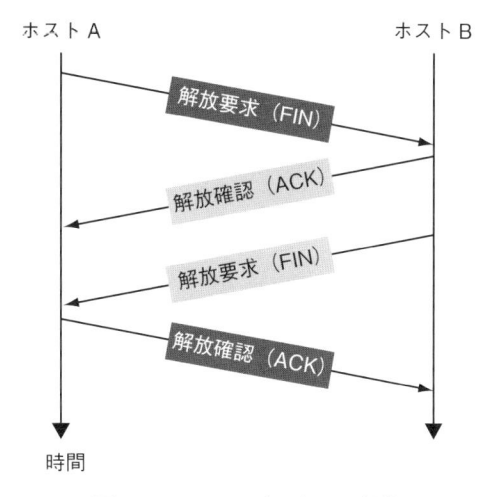

図 5.5 TCP のコネクション解放

■ 状態遷移図

TCP のコネクション確立から解放に至るまでの全体の流れの中で，それぞれのホストが経験する状態とその変化を表したものを TCP の**状態遷移図**と呼びます（図 5.6）[*]．この図は，通信相手から（1）どのようなパケットを受け取ったら，（2）どのような応答を返し，（3）どの状態に移行するか，を記したものです．TCP を解釈できる通信機器は，すべてこの手順を理解して動作するようにプログラムしなければなりません．

➡ 有限オートマトン（Finite State Machine）として表される．

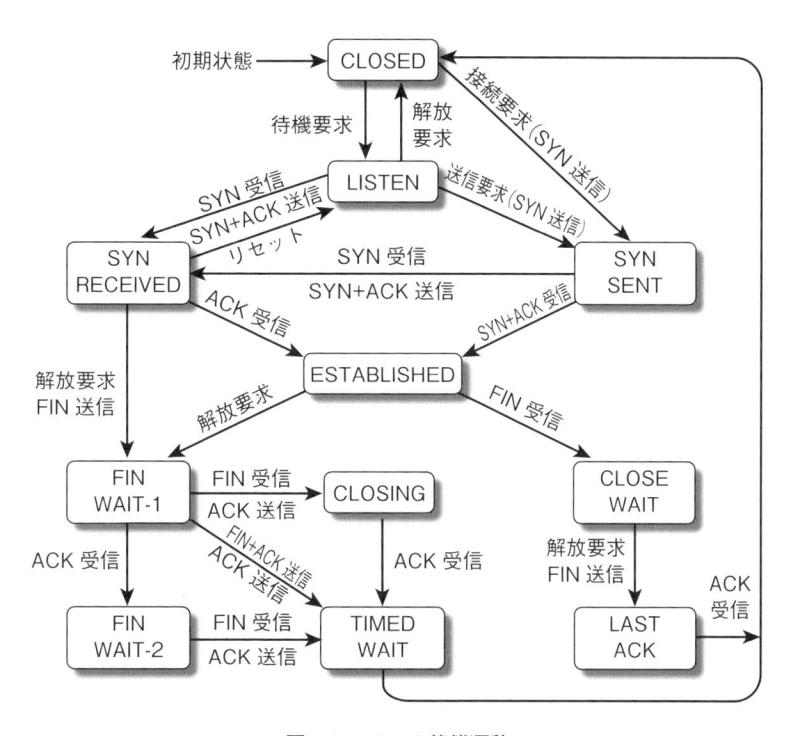

図 5.6 TCP の状態遷移

PCに用いられているほとんどのOSでは，ホストがどのプロトコルでどこと接続しているかを確認するコマンドを備えています．図5.7は，一例としてWindows OSで「`netstat -a`」コマンドを実行した結果です．このコマンドを入力した瞬間にこのコンピュータがTCPで接続している相手と，そのTCP接続の状態（状態遷移図の中の状態名）が確認できます．

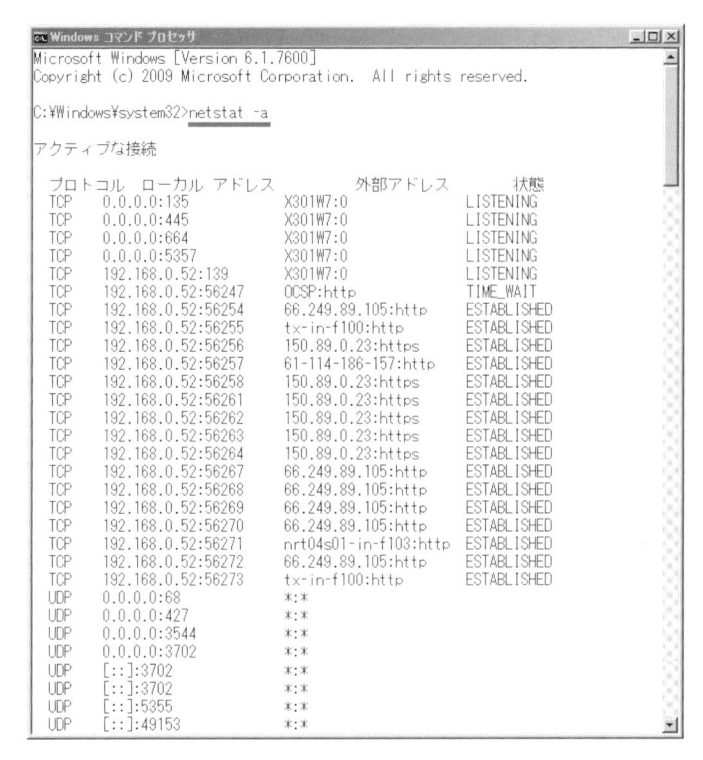

図 5.7　Windows OS での netstat コマンド出力

5.7　UDP

TCPは高信頼な通信を提供してくれますが，万能ではありません．例えば，表5.2に示すような問題点があげられます．

表 5.2　TCP通信の問題点

項目	問題点
CPU負荷	手順が複雑で順序番号の確認が必要なほか，少量のデータ伝送でもコネクション処理に多数のパケット交換が必要
メモリ	コネクションの状態を覚えるために記憶領域が必要で，多数の相手と同時に通信しにくい
遅延	高信頼化のためにパケットの再送を行うが，再送パケットは送り直しとなるので，通信が遅く（遅延が大きく）なる
同報性	通信相手と常にコネクションを張りながら伝送するので，不特定多数の相手に一斉に情報を伝える用途には不向き

一方，ネットワーク上の通信は必ずしもTCPのような高信頼性を必要とする場合ばかりではなく，多様な品質要件が考えられます．特に再送処理に伴う**遅延**の発生が困る場合や，多数の相手に一斉に通知をしたい場合など，TCPが使えない場面がたくさんあります．そこで，高信頼化の手順をまったく持たないトランスポート層プロトコルが用意されています．これが**UDP**（User Datagram Protocol）です．

　UDPは高信頼化の手続きがまったくないので，コネクションを張る操作もありません（非コネクション接続）．送信側から送られたパケットが受信側にきちんと届いたかどうかを確認する手段も，順序通りに届いたかを確認する手段もありません．ただし，TCP同様のポート番号によるパケットの識別機能は備えています．その代わりに，プロトコルを処理するコンピュータのCPU負荷がきわめて少なく，高速なデータ通信が期待できます．また，きわめて多数の相手と同時に通信する用途にも適しています．

　図5.8は，UDPのパケットとヘッダの構造を示しています．TCP(図5.1)に比べて著しく単純化されていることがわかるでしょう．UDPを用いた場合，データが相手に正しく伝達される保証はありませんが，UDPを用いてなおかつデータ内容の保証を行いたい場合は，UDPを利用するアプリケーション層プロトコルが誤りやパケット欠落の対処を行います．

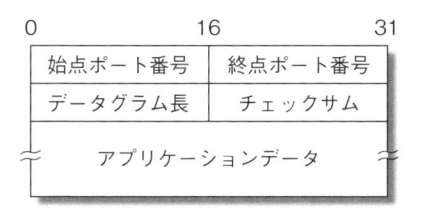

```
 0              16              31
┌───────────────┬───────────────┐
│  始点ポート番号  │  終点ポート番号  │
├───────────────┼───────────────┤
│  データグラム長  │  チェックサム   │
├───────────────┴───────────────┤
≈      アプリケーションデータ       ≈
└───────────────────────────────┘
```

図5.8　UDPパケットの構造

要点整理　**TCPとUDPの比較** ....

	TCP	UDP
誤り・欠落・順序不正の制御	する	しない
手順	複雑	単純
伝送品質	高い	高いとは限らず
遅延	大きい	最小限
CPU負荷	大	小

5.8 NAPT

組織内のコンピュータにプライベートアドレスを用いてインターネット接続するためのNAT（ネットワークアドレス変換）技術を第4章で説明しましたが，トランスポート層にあるポート番号の識別機能を組み合わせると，著しく効率が高いアドレス変換機能が実現できます．これが4.7.6項でも触れたNAPT（Network Address and Port number Translation）技術です．

通常のNATは組織内のホストのIPアドレスと，組織外から見たその組織のIPアドレス（グローバルアドレス）とを1：1で変換しますが，NAPTは組織に割り当てられたIPアドレスm個に対して組織内のホストのアドレスn個をマッピングさせる$m:n$の変換を行います．特に，組織に対して割り当てられたただ一つのIPアドレスを，組織内の複数ホストで共有する$1:n$の場合の変換によく用いられます．

NAPTでは，組織内から発生した通信要求をNAPTでグローバルアドレスに変換する際，必要であればポート番号も付け替えを行って，少ない数のグローバルアドレスにマッピングします．図5.9に示すように，組織内に2台のPCがあり，それぞれが組織外のサーバと通信する例を考えましょう．PC AとPC BがどちらもTCPで通信を行うものとして，組織外のサーバCとDに接続しています．

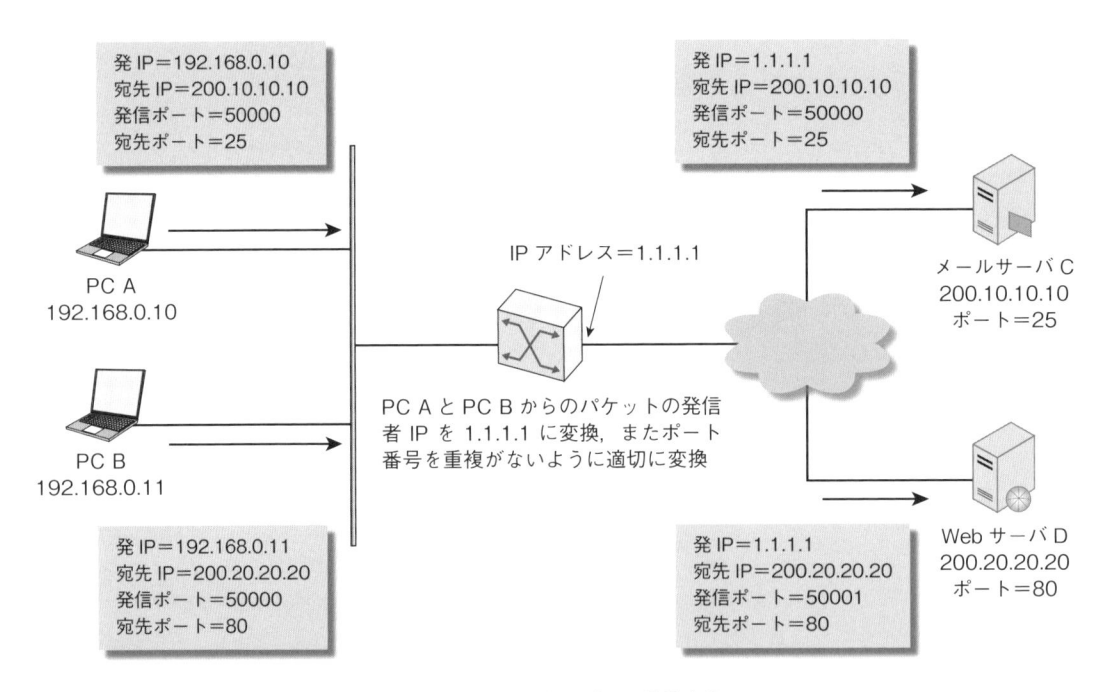

図 5.9　NAPTによるポート番号変換

ここで，NAPT は組織内の PC のパケットすべてが，一つの IP アドレスから発生したトラフィックであるかのように変換を行います．これは NAPT に付与されているグローバル IP アドレスです．ところが，図では PC A も PC B も，発信者側ポート番号として 50000 番を用いているので，両 PC からのパケットを同一 IP アドレスに変換してしまうと，相手先サーバから戻ってきたパケットが A と B のどちらから送ったパケットに対する応答かわからなくなってしまいます．

　そこで NAPT では，PC A からのパケットのポート番号は 50000 番のままとし，PC B からのパケットのポート番号をその時点で空いている 50001 番に書き換えてしまいます．すると，インターネット側から戻ってきたパケットでポート 50000 宛は PC A 宛に，50001 宛は PC B 宛と区別ができるようになります．

　NAPT の機能を使うと，組織内の数千台のホストのトラフィックをただ 1 個の IP アドレスに置き換えることができ，組織が使用する IP アドレス数を著しく節約できることとなります．

調査課題

1　TCP セグメントのヘッダ構造を詳しく調べ，それらの工夫点について議論しなさい．また，よく用いられる TCP オプションにどのようなものがあるのかを調べて報告しなさい．

2　TCP の通信において，クライアント側がエフェメラルポートを用いる理由について議論しなさい．

3　TCP 通信で用いられる順序番号の初期値は乱数で決められ，3way Handshake で相手に伝えられます．なぜ初期値をゼロとしないのか，もしゼロから始めるとどうなるのかを調査して，議論しなさい．

4　データリンク層の ARQ とトランスポート層の ARQ は想定している再送の理由が異なります．どのように異なるのかを調査して，議論しなさい．

5　TCP が用いているスロースタートアルゴリズムについて詳しく調べ，どのような工夫が凝らされているのかを論じなさい．

6　TCP と UDP の中間的な性質を持つ（または両方の長所を引き継いだ）プロトコルが種々提案されています．これらについて調査をして報告しなさい．

7 NATやNAPTはアドレス変換を行いますが，変換の対象となるのはTCP/IPパケットのヘッダ部分です．パケットのデータ部分にIPアドレスやポート番号が書かれていると，その部分は変換されないので正しく通信ができなくなります．パケットのデータ部分にIPアドレスを書き入れる必然性を含め，これらの事情について調査をして，またこの問題を解決する試みについて調査して報告しなさい．

8 通信当事者の両側が共にNATやNAPTの内側にある場合は，特別な工夫を凝らさないと通信できません．その理由についても議論しなさい．

第6章 代表的なアプリケーション層プロトコル

第6章では，代表的なアプリケーション層プロトコルを紹介します．TCP/IPではOSI参照モデルの第5層，第6層に相当する機能が規定されておらず，これらはアプリケーション層プロトコルの中に内包されるか，または暗黙のうちに標準方式が決まっている場合がほとんどです．アプリケーション層プロトコルは，実際にネットワークで使用されるアプリケーションごとに考えられるために膨大な種類がありますが，ここでは代表的なアプリケーションを例に紹介します．

6.1 クライアントサーバ型モデル

ネットワークアプリケーションとそれらが利用するアプリケーション層プロトコルを学ぶ前に必ず理解しておかなければならない点が，通信のモデルによる分類です．これには大別して，**クライアントサーバ**（client - server）型と**ピアツーピア**（peer to peer）型があります．

インターネット上で用いられている一般的なアプリケーションの大部分はクライアントサーバ型モデルに従っています．これは，利用者に対して何らかのサービスを提供するホストがあって，ここに利用者が接続してサービスを受ける形態です．サービスを提供するホストは，一般に**サーバ**（server）と呼びます．

この形態は，例えばホームページを提供するサイトや電子メールを受け取ったり配送するサイト，組織の中のネットワークプリンタやファイルサーバなど，ほとんどのネットワーク利用アプリケーションが含まれます．それぞれのアプリケーションに対してサーバが稼働しており，利用者はそのサーバに接続して所定の機能を利用します．

クライアントサーバ型モデルでは，一般的には次の表6.1のような特徴が考えられます．

表6.1 クライアントサーバ型モデルの一般的特徴

項目	特徴
データの一貫性保持	データが1か所に集積しているため，データの管理や更新が容易．
アクセス制御や履歴管理の容易さ	利用者の属性を1か所でまとめて管理でき，利用者の認証やその属性に応じたデータ利用制限の適用が容易．また，誰がいつ何をしたのか記録を残しやすい．
大規模化	一つのサーバに利用者の要求が集中し，速度低下やサービス不能状態をきたす．多人数に同時にサービス提供するには工夫が必要．

これらの特徴のうち，一貫性保持の容易さやアクセス制御の容易さは，クライアントサーバ型モデルの大きな利点です．とりわけ，あるユーザの行動履歴が他のユーザのデータに影響を与えるような用途では，この利点は必須となり，ほぼ例外なくクライアントサーバ型モデルでアプリケーションが組み立てられます．鉄道や飛行機の座席予約システムやオンラインショッピングサイトの構造を考えてみるとすぐにわかるでしょう．

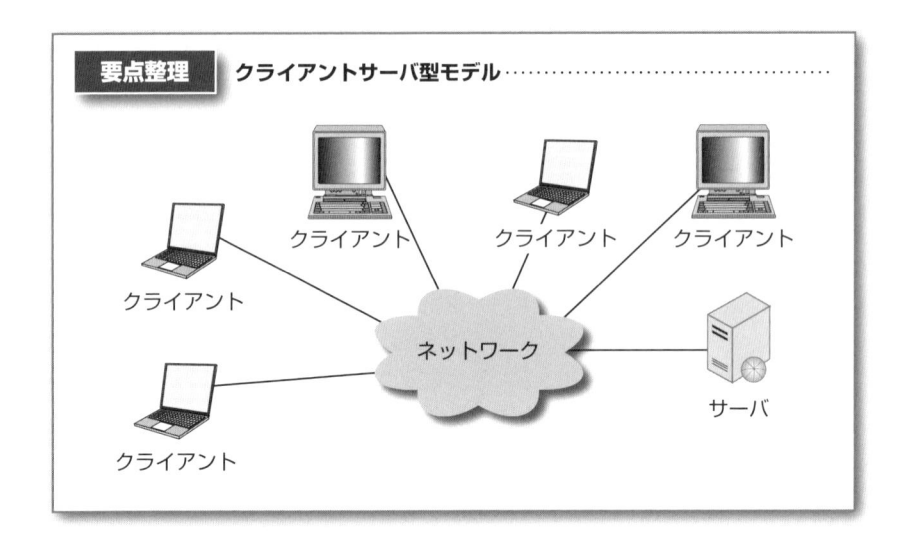

要点整理　クライアントサーバ型モデル

一方，クライアントサーバ型モデルでは，利用者の操作が一つのサーバに集中します．現代のコンピュータや OS では，1台のサーバで数秒間の間に万単位のリクエストを処理することは容易ではなく，負荷分散のために複雑な制御が必要となります．

6.2　ピアツーピア型モデル

ピアツーピア型モデルは，「P2P 型モデル」と一般に呼ばれています．P2P 型モデルでは，クライアントサーバ型モデルのような「サーバ」←→「クライアント」という役割分担の概念が薄く，ネットワーク上のコンピュータがサーバとクライアントの役割を両方兼ね備えている形態です．つまり，あるホストは他のホストに要求を送ってサービス提供を受ける一方で，他のホストから接続を受け入れ，サービス提供を行います．

➡サーバントと呼ぶこともある

表 6.2 ピアツーピア（P2P）型モデルの一般的特徴

項目	特徴
データの一貫性保持	データがピアに分散しており，重複データや世代が異なるデータがピアごとに散在する場合もある．データの所在の探索に工夫が必要で，一貫性保持が難しい．
アクセス制御や履歴管理の容易さ	利用者の属性が1か所でまとめられていないため，利用者の認証やその属性に応じたデータ利用制限の適用が難しい．利用者の履歴の記録も容易ではない．
大規模化	利用者が増えると同時にサービス提供者も増えることとなり，サービス利用が偏らなければシステムの大規模化は問題なく自動的に行われる．

　P2P型モデルに従うネットワークアプリケーションの代表例は「IP電話」です．インターネットに接続するIP電話では，電話装置は他からの呼び出しを待ち受けて着信操作ができますが，同時に他の電話機に電話をかける発信操作もできます．P2P型モデルは，あるユーザの行動履歴が他のユーザのデータに影響をあまり与えないアプリケーションに適しています．電話による会話は当事者以外には関係がないので，P2P型モデルには理想的な用途となります．

　表6.2はP2P型モデルが備えている一般的な特徴をまとめたもので，クライアントサーバ型モデルとは正反対の性格を帯びていることがわかります．ここで特に留意しておくべきことは，様々なデータが一般利用者の管理下にあって，そのデータを他のユーザが利用する形態になることから，ユーザ間の**信頼関係の成立**がP2P型モデルの前提になっているという点です．クライアントサーバ型モデルでは，データはサーバが一括して管理しているので，サービス提供者を信頼しさえすればそのデータを利用できますが，P2P型モデルではネットワークに参加するすべての利用者を信頼しなければデータの利用ができない点に注意が必要です．IP電話などのアプリケーションでは，相手の肉声や応対手順などにより人間自身が高度な認証を行うため，P2P型モデルの欠点が顕在化しにくい特徴があります．

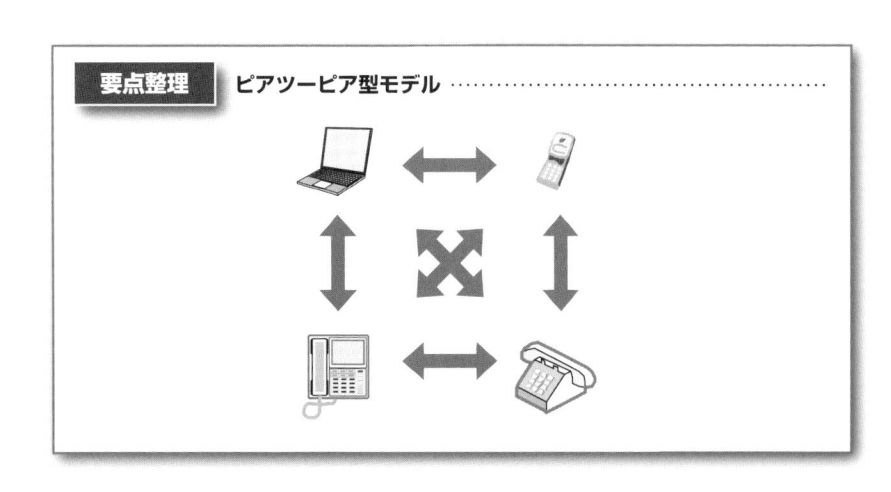

要点整理　ピアツーピア型モデル

6.3 WWW

　　WWW（World Wide Web）は，インターネットにおける代表的なネットワークアプリケーションで，大半のネットワークユーザはこのアプリケーションだけで必要な作業をほぼすべて完結できるほど強力なアプリケーションとなりました．

　　WWW は，元来は **HTML**（Hyper Text Markup Language）と呼ばれる言語で記述された文書をサーバ側からクライアント側に伝えるアプリケーションです．HTML は文書の書式，字体や文字サイズ，色などの属性情報や文書に含める画像情報などを文書内に埋め込んで表現したもので，**タグ**と呼ばれる特有の記号で付加情報を文書に書き足してレイアウトなどを指定します（図 6.1）．また，HTML 文書を表示した例を図 6.2 に示します．

```
<html>
<head>
<title>HTML のサンプル </title>
</head>
<body>
<h2> タイトル行 </h2>
<p align="center"> この部分はセンタリングです </p>
<p> ここは <a href="http://www.example.jp/page2.html"> リンク </a> が張られています </p>
<p><img src="image/dog.jpg" width="120" height="120"></p>
</body>
</html>
```

図 6.1　簡単な HTML 文書の例

図 6.2　HTML 文書の表示例

初期のWWWはHTML文書を転送して表示するだけの機能しかありませんでしたが，後に同じ仕組みを利用してHTML文書以外の任意のファイルをクライアント側に送る機能と，クライアント側で利用者が入力した情報をサーバに伝える仕組みが実現されました．これらのことによって，単なるHTML文書だけでなく図表などを含んだ一般的な文書の交換や，サーバ側とクライアント側が双方向に情報を交換する機能が実現しました．その結果，オンラインショッピングや座席予約，会議システム，社内の各種業務手続きなどがすべてWWW上で実現できることとなり，**Webアプリケーション**と呼ばれる大きな技術分野が開拓されることとなりました．

WWWはネットワーク機能を利用するアプリケーションの実現方法の一つで，これを動かすにはクライアント側に**Webブラウザ**（または**WWWブラウザ**）と呼ばれるアプリケーションプログラムをインストールして用います．アプリケーションの種類によらず，一つのWebブラウザをクライアントホストにインストールするだけで各種のWebサービスを利用できるため，この形態でのサービス提供が爆発的に広まりました．

WebサーバとWebブラウザの間でアプリケーションのデータを交換する**アプリケーション層プロトコル**が**HTTP**（Hyper Text Transfer Protocol）です．HTTPは，後述する電子メール転送用プロトコルSMTPに似せたプロトコルとして，1996年に正式に決められました．

HTTPでは，アプリケーション操作のための制御コマンドを，送るべきデータにヘッダ情報を付加して相手に送信します（図6.3）．この様子は，トランスポート層やネットワーク層，データリンク層などで用いられるカプセル化の方法と同じです．ただし，トランスポート層以下の機能により任意の長さのビット列をやり取りする方法が確立していますから，アプリケーション層ではパケットの**サイズ**（長さ）という概念はありません．ヘッダ情報を前置して，送るべき一つのデータファイル（通常はHTMLファイル）をそのまま続けて送ります．

要点整理　HTTP

- 本来はHTML文書を送るアプリケーション層プロトコル
- 現在は汎用的なファイル転送プロトコル
- クライアントからのコマンド要求にステータスコードで応答
- GETやPOSTなどのコマンド（メソッド）がある
- セッション管理機能はあまりない

```
                クライアント                    Web サーバ

                    ┌─ GET /sample.html HTTP/1.0 ─→┐

                    ┌──────────────────────────────┐
                    │ HTTP/1.1 200 OK              │
                    │ Date: Thu, 01 Apr 2010 12:20:13 GMT │──── HTTP のヘッダ情報
                    │ Content-Length: 511          │
                    │ Content-Type: text/html      │
                    │                              │
                    │ <html>                       │
                    │ <head>                       │
                    │ <title>HTML のサンプル </title> │
                    │ </head>                      │
                    │ <body>                       │──── HTTP で送るメッセージ
                    │ <h2> タイトル </h2>           │
                    │ <p> この部分は本文です </p>    │
                    │ <p><img src="image/dog.jpg"></p> │
                    │ </body>                      │
                    │ </html>                      │
                    └──────────────────────────────┘
                    ↓                              ↓
                   時間
```

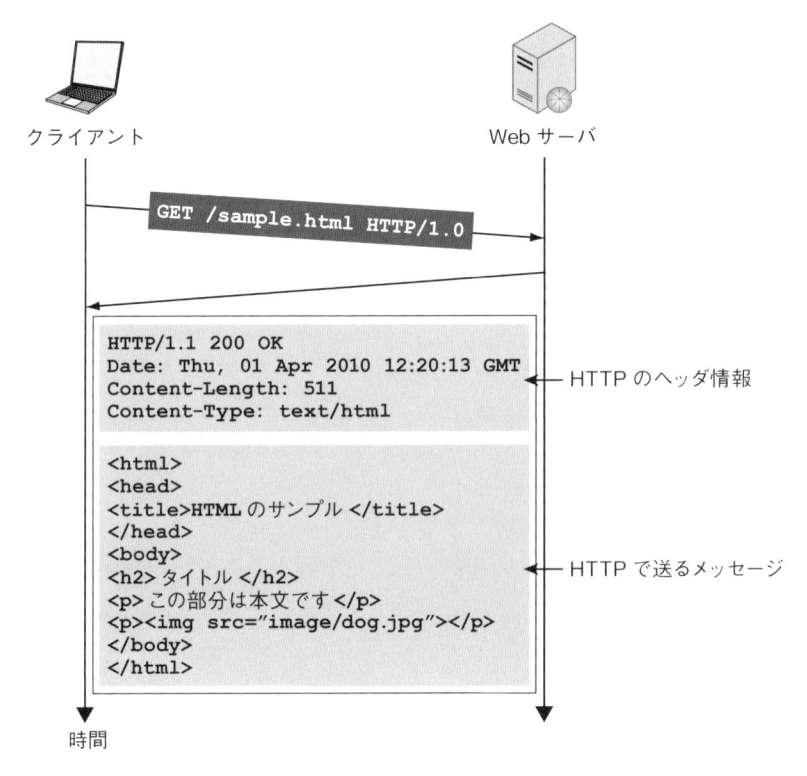

図 6.3　HTTP による HTML 文書の転送

HTTP が用いる制御コマンドの主要なものとして，クライアントがサーバに対して特定のファイルの読み出しを要求する **GET コマンド**，およびクライアントからサーバにデータを送る **POST コマンド**があります．GET も POST も，そのヘッダ情報は人間が見ても意味を理解できる通常の文字列で構成されていて，なおかつヘッダ部の長さが可変であるところがトランスポート層以下のプロトコルのヘッダと大きく異なります．

　また，GET や POST などのクライアント側からの要求に対してサーバが応答する場合のデータ形式にも特徴があります．サーバからの応答は，制御コマンドと同じように人間が見て意味が理解できる可変長文字列で構成されていますが，応答の最初の部分に 3 桁の数字で表された**ステータスコード**が必ず書かれています．図 6.4 は図 6.3 の HTTP 応答を拡大した物ですが，この中の網かけ部分がステータスコードです．Web ブラウザはこの 3 桁の数字部分だけを見て，送信した要求がサーバでどのように処理されたかを知ることができ，ステータスコードに続く文字列（図 6.4 では"OK"）は解釈をしません．ステータスコードには表 6.3 のようなものがあります．

```
HTTP/1.1 200 OK
Date: Thu, 01 Apr 2010 12:20:13 GMT
Content-Length: 511
Content-Type: text/html
```

図 6.4　HTTP のステータスコード

表 6.3　HTTP ステータスコード（抜粋）

ステータスコード	意味
200	成功した（OK）
202	要求は受け入れられた（Accepted）
304	指定された情報は変更されていない（Not Modified）
403	アクセスが拒否された（Forbidden）
404	要求されたファイルがない（Not Found）

　HTTP プロトコルの大きな特徴として，一つのファイル転送が一つの HTTP コマンドに対応すること，ファイル転送に際して前後のコマンドの依存関係がないことがあげられます．これは，先行する Web ページの操作に依存して次のページの内容に影響を及ぼすことができないということで，例えば利用者のログイン手続きによって利用者ごとに異なるページを表示させるような仕組みが HTTP だけでは実現しにくいことを表しています．ページの往来に依存関係を持たせることは，OSI 参照モデルではセッション層が担う役割ですが，インターネットが用いる TCP/IP ではこの機能がなく，アプリケーション側で複雑な手続きを用いてこの機能を実現しなければなりません．

　HTTP プロトコルは，トランスポート層に TCP を用いて通信します．ポート番号はサーバ側が 80 番，クライアント側は動的に空いている番号（エフェメラルポート）を用いますが，必ずしもこれに従う必要はありません．

6.4　SMTP

　SMTP（Simple Mail Transfer Protocol）は電子メールを転送するためのアプリケーション層プロトコルです．きわめて簡単な仕組みで動作し，他人になりすます悪用や迷惑メールの送信が可能であるなど，多くの問題点を抱えています．しかし，古くから使われており，利用者数も膨大であるため，新しい高信頼なプロトコルに置き換えることが困難で，現在でも引き続き利用されています．

　SMTP では，HTTP と同様に送信するメール本体（メッセージ）にア

プリケーション層のヘッダ情報を付加して送ります．インターネットで使われる電子メールは，図6.5のように**ヘッダ部**と**本文**からなるテキストデータの集合ですが，SMTPではこれらヘッダ部と本文をまとめてメッセージの本体として取り扱い*，これとは別にメッセージの発信者と宛先を通知する機能があります．

➡電子メールの日付や件名が書かれた部分はSMTPのヘッダではないことに注意．

```
Received: from relay.example.jp by mail.example.jp; Thu, 1 Apr 2010
13:13:47 +0900
Message-ID: <201004010413AA00008@fwfwfwhrexample.jp>
From: Jinji-ka <jinji@example.jp>
Date: Thu, 1 Apr 2010 13:13:43 +0900
To: Yamada Tarou <yamada@example.jp>
Cc: <hanako@example.jp>
X-original-From: <yamauchi@example.jp>
Subject: My schedule
Content-Type: text/plain; charset="iso-2022-jp"
MIME-Version: 1.0
```
メールヘッダ

私の来週のスケジュールをお知らせします．私は水曜日まで
海外出張に出ていて，その後は仙台支店に向かいますので，
事務所に出勤するのは金曜日の午後となります．よろしく
スケジュール調整をお願いします．

山内 yamauchi@example.jp

メール本文

図6.5 電子メールメッセージの例

メール本体のヘッダ部は，図6.5にあるように`From:`や`Subject:`など，人間が目で確認して意味がよくわかる記述が並んでいます*．

➡自由に記述してよい，という意味ではない．各項目の記述方法は厳密に決まっている．

ヘッダ部分は行頭から始まり，行頭が空白の場合は前の行の継続行として扱われます．ヘッダの行頭に書ける項目は決まっていますが，項目名として「x-」で始まる名称を用いた場合は利用者が自由にヘッダ情報を追加できます．図では`X-original-From:`という項目名がありますが，これはSMTPのプロトコルでは規定されていない名前で，利用者が独自に定義したものです．また，メールのヘッダ部と本文との間は空行で識別されます．

SMTPでは，このメール本体を表すテキストデータをサーバ間でやり取りして転送します（図6.6）．その際，ヘッダ部とは別に差出人アドレスと宛先アドレスをサーバ間で通知します．これらを`Envelope From`，`Envelope To`と呼びます．差出人アドレスとしてメール本文で用いる`From:`や`To:`の他に`Envelope From:`や`Envelope To:`がある理由は，メーリングリスト（多人数に宛ててメールを一括送信する仕組み）におい

て，To: の内容がメーリングリストのアドレス，Envelope To: の内容が個々の配送先を示していると考えるとわかりやすいでしょう．

```
クライアント                    メールサーバ

  ←── 220 mail.example.jp ESMTP ──
  ── HELO relay.example.jp ──→        クライアント名を名乗る
  ←── 250 mail.example.jp ──
  ── MAIL From: <jinji@example.jp> ──→ Envelope From を送る
  ←── 250 2.1.0 OK ──
  ── RCPT To: <yamada@example.jp> ──→  Envelope To を送る
  ←── 250 2.1.5 OK ──
  ── DATA ──→                          本文送信開始の宣言
  ←── 354 Enter Data. End with . ──
  ── メールヘッダと本文 ──→            メールの本文（ヘッダ＋本文）の送信
  ←── 250 2.0.0 Accepted ──

時間
```

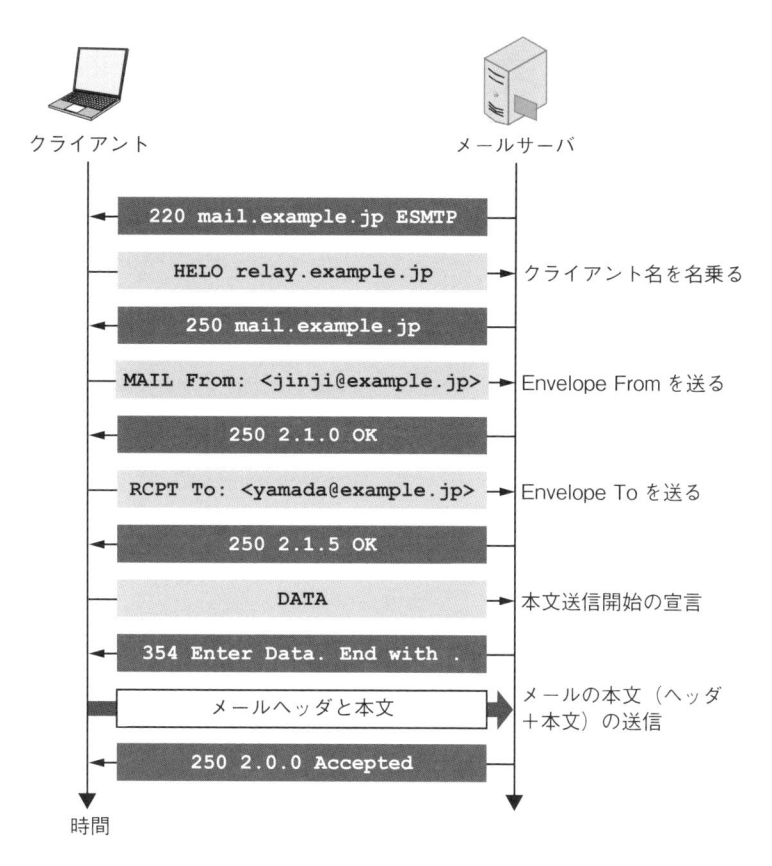

図 6.6　SMTP による電子メールメッセージの転送

　SMTP は，電子メールを取り扱うサーバ同士の間の通信と，利用者がメッセージを送信する場合とに使われる通信プロトコルです．例えば someone@example.co.jp というアドレスに宛ててメールを出すと，example.co.jp という名前のメールボックスまで電子メールが中継された後，利用者が example.co.jp サーバにメールを取りに行くまでメールは example.co.jp サーバに保管されています．利用者がメールを読み出すプロトコルは SMTP とは異なる方法（一般的には POP（Post Office Protocol）と呼ばれる方法や Web インタフェース）が用いられます．

> **Column**　**SMTPの第三者中継**
>
> 　SMTPは古くから使われてきた電子メール配送の方法で，歴史的経緯から様々な転送方法をサポートしています．ここで現代のインターネット環境で特に知っておくべきSMTPの機能に第三者中継（third party relay）と呼ばれる概念があります．
>
> 　第三者中継とは，メールの送信者でも受信サーバでもないホストが，メール送受信の間に立ってメール配送の中継をする機能です．これにより，企業ネットワークなどでは会社に届く多量のメールを一括してウィルスチェックサーバが受け取り，チェックをすませてから改めて社内のメールサーバに配信する機能が実現できます．一方で，この機能を悪用すると多量のスパムメールを配信することも可能になってしまいます．

6.5　FTP

　FTP（File Transfer Protocol）はコンピュータが用いるデータファイルを遠方に送るためのプロトコルと，その操作を行うためのアプリケーションの両方を指しています．通常，小文字でftpと書くとアプリケーションを指し，大文字でFTPと書くと通信プロトコルを指します．

　前述のHTTPやSMTPとは異なり，FTPでは送信するデータファイルにヘッダ情報を付加してデータを送るという方法を用いません．FTPでは，データ伝送用とは異なる別のTCP接続をクライアントとサーバ間で張り，この制御用コネクションを通してコマンドのやり取りを行います．データ伝送にはTCPのポート20番が，制御用にはTCPのポート21番が一般的に用いられます．このような，実際のデータ伝送とその制御コマンドを別々の論理的接続回線で送る方法は様々なプロトコルで用いられていますが，一般的にこのような方式を **Out of Band 制御** と呼びます＊．

➡ 逆にHTTPやSMTPで見られるような一つの論理的接続回線で制御とデータを混在して送る方法はIn-band制御と呼ぶ．

表6.4　FTPとHTTPの相違（抜粋）

FTP	HTTP
最初にユーザ認証を行う	ユーザ認証は特別な場合だけに行う
Out of Band 制御	In-band 制御
ファイルの読み出し，書き込み，参照ディレクトリの変更，参照ディレクトリのファイル一覧取得などの機能がある	一般的にはファイル読み出しのみ．書き込みにはWebアプリケーション作成者によって専用プログラムの製作が必要
異種OS間でのファイル転送を想定した機能がある	OSの相違を認識していないので不都合が発生する場合もある
ファイル転送の中止機能がコマンドとして存在する	一度始まった転送はTCP接続を強制的に切断しないと止められない
特定のユーザがサーバとの間で自由にファイル交換する用途に向く	不特定多数の利用者に一つのファイルを広く配布する用途に向く

FTPでは，TCPでクライアントとサーバとの論理接続が確立されると，最初にユーザ名とパスワードを用いた認証が行われます．HTTPもファイルをやり取りするプロトコルですが，想定されている用途がやや異なるため，両者には相違がたくさんあります（表6.4）．図6.7はコマンドライン方式のftpコマンドを用いてftpサーバと接続した例を示しています．

```
[Macintosh:~] yamauchi% ftp ftpserver.example.jp
Connected to ftpserver.example.jp.
220 ftpserver.example.jp Server ready.
Name: yamauchi
331 Password required for yamauchi
Password: ********
230 User yamauchi logged in.
Remote system type is UNIX.
Using binary mode to transfer files.
ftp> dir
229 Entering Extended Passive Mode
150 Opening ASCII mode data connection for file list
drwxr-x--x  14 yamauchi staff      8192 Mar 24 12:37 .
drwxr-x--x  14 yamauchi staff      8192 Mar 24 12:37 ..
-rw-------   1 yamauchi staff        76 Apr  1 07:01 .history
drwx------   2 yamauchi staff      4096 Apr 23  2007 .ssh
drwx------   2 yamauchi staff      4096 Aug 14  2008 Mail
-rw-r--r--   1 yamauchi staff       807 Nov 24  1999 cleardot.gif
drwxr-xr-x  19 yamauchi staff      4096 Mar 12 02:07 public_html
-rw-r--r--   1 yamauchi staff     52131 Jan  8 02:13 sample.txt
226 Transfer complete
ftp> binary
200 Type set to I
ftp> get sample.txt
local: sample.txt remote: vvv.txt
229 Entering Extended Passive Mode
150 Opening BINARY mode data connection for sample.txt (52131 bytes)
226 Transfer complete
52131 bytes received in 00:00 (1.61 MB/s)
ftp> quit
221 Goodbye.
[Macintosh:~] yamauchi%
```
※アミカケ部分はキーボードから入力

図6.7　コマンドライン式のftpによるファイル転送の様子

6.6　DNS

インターネットで用いるTCP/IPでは，第4章で説明したように通信相手をIPアドレスで特定します．しかし，IPアドレスは単なる数字の羅列に過ぎず，人間がそれを覚えるには相当な困難がともないます．そこで，大規模なネットワークで通信相手を的確に表現でき，なおかつ人間が容易

にそれを記憶できるようにする方法として,ドメイン名表記とDNSが開発されました.

6.6.1 ホストの命名方式とHOSTS.TXT

TCP/IPではホストの識別にIPアドレスを用いますが,人間が数字の羅列を記憶することは容易ではないため,一般的にはホストに覚えやすいニックネームを付与します(**ホストネーム**と呼ぶ).また,そのホストネームとIPアドレスとの対応表を用意しておき,人間が通信相手をホストネームで指定したときは対応表からそれをIPアドレスに変換して,実際の通信を始めます.図6.8は,Windows 7 OSに搭載されている対応表の例で,この表に任意の名前を追加して使用できます.対応表は,Windows OSではhostsファイルと呼びますが,他のOSではHOSTS.TXTという名称のファイルに記述します.

```
# For example:
#
      102.54.94.97     rhino.acme.com    # source server
      38.25.63.10      x.acme.com        # x client host
localhost name resolution is handled within DNS itself.
      127.0.0.1   localhost
      ::1         localhost
```

図6.8 Windows 7 OSのHOSTSファイルの例(抜粋)

ホストネームはコンピュータを使う人が勝手に決めて使いますから,多くの人が利用しようとすると同じホストネームをつけてしまい,名前の衝突が起こります.また,インターネット上の膨大な数の人々がそれぞれ勝手につけた名前をどうやって一つのHOSTS.TXTファイルに集約し,どうやってそのファイルを利用者に配布するかという問題も起こります.これを解決するために,人間が覚えやすく,しかも重複しないホストネームの名前付けルール(ドメイン名)と,それを世界中に伝える通信プロトコル(DNS)が開発され,用いられるようになりました.

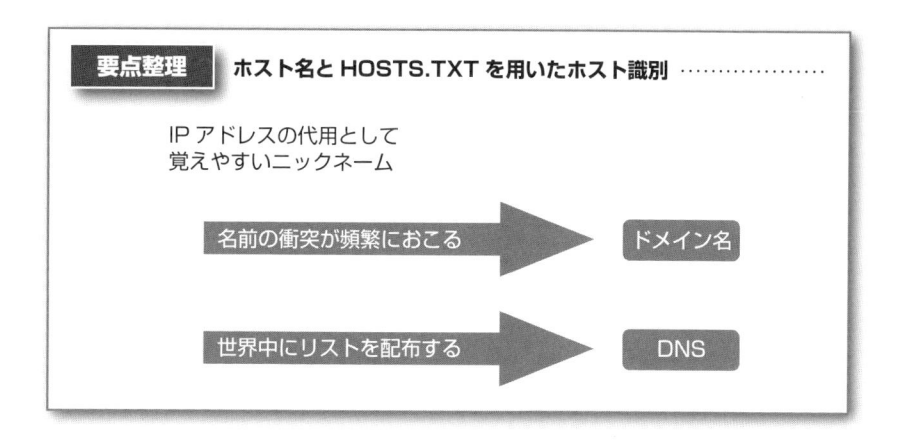

> **要点整理** ホスト名とHOSTS.TXTを用いたホスト識別
>
> IPアドレスの代用として覚えやすいニックネーム
>
> 名前の衝突が頻繁におこる → ドメイン名
>
> 世界中にリストを配布する → DNS

6.6.2 ドメイン名

　名前の衝突を避けるために導入された考え方が**ドメイン名**です．これは名前に階層構造を導入して，名付けをする人の自由裁量に任される部分と，全体として重複がないように管理する部分に分けるという考え方です．例えば，次のようなアドレスで表されるメールアドレスがあったとします．

```
someone@example.co.jp
```

　6.4節で説明した通り，これは example.co.jp という名前のサーバ上に設けられた someone さんのメールボックスを表すメールアドレスですが，@マークより右側がサーバの名前，すなわちドメイン名です．ドメイン名はピリオドで区切られたいくつかの文字列の組合せで表現します．上記の例では「jp：日本」「co：会社」「example：会社名」を表しています．つまり，ピリオドで区切られた右側ほど上位の（大きな）階層構造を指します．

　このような階層構造を持たせておくと，例えば日本国内に「example大学」があったとすると，そのメールサーバに example.ac.jp という名前を付けても会社組織としての example.co.jp と区別がつきますが，それぞれの組織が希望した名前「example」を名前の中に含められます．同様に米国に example 大学があっても，jp の部分を us などとすれば重複はなくなります．

■ 名前空間

　ドメイン名は，本来は次の例のように，名前の右端にピリオドが一つ余分についています．

```
www.example.co.jp.
```

この右端のピリオドを**ルートドメイン**（Root Domain）と呼び，表現可能な名前全体（名前空間全体）を表します．その左側の部分（この例では「jp」）を**TLD**（Top Level Domain），さらにその左側を**2LD**（2nd level Domain），さらにその左を**3LD**と呼びます．階層の数に制限はありませんが，ドメイン名の全体の文字列の長さは255文字以内という制約があります．

■ 名前空間の付与権限

ドメイン名には，階層ごとにその一つ下のレベルの名前が重複しないように管理する組織があります．例えば，TLDはルートドメインの管理者によって管理され，重複が生じないように割り当てられています．TLDを管理している組織は**ICANN**（Internet Corporation for Assigned Names and Numbers）と呼ばれる民間非営利団体です．ICANNはTLDを定め，それぞれのTLDに別の管理組織を指名します．これが**権限委譲**です．TLDを委譲された組織は，重複がないことを保証しながら2LDを自由に定め，2LDごとに管理組織を指名します．以下，同様にある階層の管理者はその一つ下位のドメイン名の割り当てを行い，その名前の管理者を指名します．

要点整理　ドメイン名の名前管理

- ルートの管理者はTLDの名前を管理・割り当て
  - TLDごとに管理者（管理組織）を指定
  - そのTLD以下の名前管理権限を委譲する
- TLD管理者は2LDが重複しないように管理・割り当て
  - その2LD管理者（管理組織）を指名
  - その2LD以下の名前管理権限を委譲する
- 2LD管理者は3LDが重複しないように管理・割り当て

…以下繰り返し

6.6.3 DNS

DNS（Domain Name System）は，名前付けされたホストのドメイン名とそのIPアドレスとの対応関係をデータとして保持し，問合せに対して回答するシステムです．

6.6.1項で述べたHOSTS.TXTは，名前とIPアドレスとの対応関係を羅列したリストに過ぎず，これをあらかじめインターネット全体に配布しておかなければなりません．また，データに変更が生じるごとに再配布を要します．そこでDNSでは，ドメイン名からIPアドレスを知る必要が生じ

るたびに専用のプロトコルでサーバに問合せを行うこととし，データに変更があってもサーバのデータを更新するだけで済むようにしています．ドメイン名からIPアドレスを検索する操作（またはその逆にIPアドレスの情報からそのドメイン名を知る操作）を**名前解決**と呼びます．

　インターネット上には膨大な数のホストがあり，また，利用者の数も膨大です．そのため，ドメイン名に関する情報を世界中の1か所に集めて，名前解決をクライアントサーバ方式で運用することは困難です．そこでDNSでは，**分散データベース**と呼ばれる独特のサーバ運用方式によりこの問題を解決しています．

■ DNSプロトコル

　DNSは名前解決を提供するクライアントサーバ型システムの名称ですが，名前解決に用いる通信プロトコルの名称としても用いられています．DNSはインターネット上のネットワークアプリケーションを利用する場合に必須のサービスですから，インターネットを使う人すべてが1日に何百回と利用します．そのため，サーバの負荷を軽減する目的でUDPを用いた通信を行います．DNSに対する問合せも回答もUDPの標準的なパケットサイズ（512バイト）に収まるように工夫されていて，問合せが集中しても余裕を持ってサービスできるように工夫がなされています．

■ ゾーン

　DNSでは，たくさんのDNSサーバがそれぞれ異なる名前空間の部分を担当して，名前解決要求に応えます．各DNSサーバが担当する名前空間の範囲を**ゾーン**と呼びます．ゾーンは，一般的には上位レベルのドメイン名を管理する組織から権限委譲を受けた名前の範囲を指しますが，それぞれのDNS管理者の判断で，自身が権限を持つ名前空間の一部を他の組織にさらに権限委譲できます．この権限委譲した部分を除く範囲がそれぞれのDNSサーバの管理範囲となり，その管理範囲がゾーンです．

■ 資源レコード

　DNSサーバは，各自が管理するゾーンの中にある情報を**資源レコード**と呼ばれる形式で保持しています．資源レコードの例を図6.9に示しますが，図のように，一般的にこれはドメイン名とIPアドレスとの羅列を表しています（**Aレコード**と呼ぶ）．**NSレコード**と呼ばれる記述を書くと，当該の名前空間の範囲を他のDNSサーバに権限委譲できます．また，PTRレコードを書くと，IPアドレスからドメイン名の問合せがあったときの回答を記述できます[*]．

　DNSの管理者は，組織内のホストが追加されたり，その名前やIPアドレスが変更になると資源レコードを書き換え，変更を全世界に通知します．

➡ ドメイン名をキーとしてIPアドレスを問い合わせることを正引き，IPアドレスをキーとしてドメイン名を問い合わせることを逆引きと呼ぶ．

```
www.example.jp.         IN      A       192.168.222.10
ns2.example.jp.         IN      A       192.168.200.2
mail.example.jp.        IN      A       192.168.222.12
ftp.example.jp.         IN      A       192.168.222.100
client2.example.jp.     IN      A       192.168.222.223
sapporo.example.jp.     IN      NS      ns2.example.jp.
```

図 6.9　DNS の資源レコードの定義例

■ **名前解決の手順**

　DNS サーバは，それぞれ名前空間の一部の情報しか保持していませんから，1 台の DNS サーバに問い合わせただけでは正しい回答は得られません．図 6.10 は，DNS による名前解決の手順を示しています．

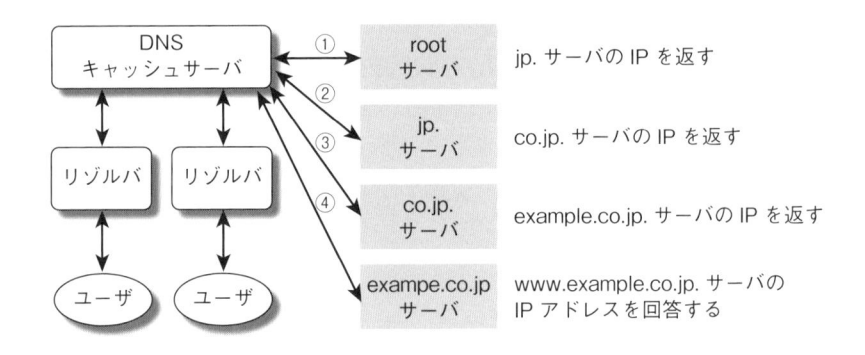

図 6.10　www.example.co.jp のアドレス解決手順

➡図のリゾルバは PC に内蔵された DNS 問合せプログラム.

　利用者の手元にあるホストで，ドメイン名から IP アドレスへの変換の必要性が生じると，そのホストは社内の **DNS キャッシュサーバ**に問合せを送ります*．ここでは www.example.co.jp という名前のホストの IP アドレスを知る必要が生じたとします．キャッシュサーバは，あらかじめ管理者が設定した情報に基づき，まず DNS のルートサーバに問合せをそのまま送ります．

　ルートサーバは www.example.co.jp の資源レコードは持っていませんが，TLD である jp ゾーンのサーバの権限委譲先（の IP アドレス）は知っています．そこで，ルートサーバは jp ゾーンの権限委譲先の IP アドレスをキャッシュサーバに通知し，そちらに問い合わせるように回答します．これを受けたキャッシュサーバは，回答された情報から jp ゾーンの DNS サーバに改めて問合せを行います．同様に jp サーバは co.jp ゾーンの DNS サーバを紹介し，キャッシュサーバは co.jp サーバに問い合わせ

て example.co.jp の DNS サーバの IP アドレスを知り，ここに問い合わせて初めて www.example.co.jp の資源レコードに到達できます．

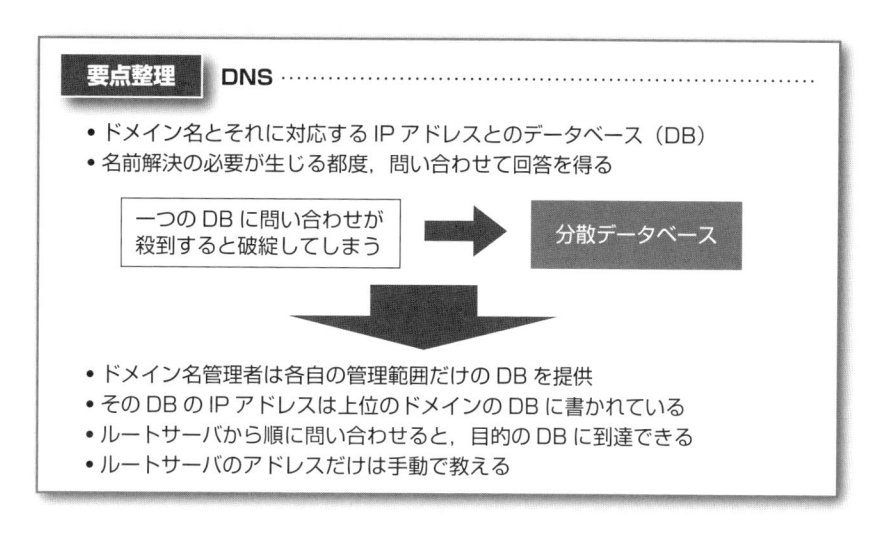

> **要点整理　DNS**
> - ドメイン名とそれに対応する IP アドレスとのデータベース（DB）
> - 名前解決の必要が生じる都度，問い合わせて回答を得る
>
> 一つの DB に問い合わせが殺到すると破綻してしまう　→　分散データベース
>
> ↓
>
> - ドメイン名管理者は各自の管理範囲だけの DB を提供
> - その DB の IP アドレスは上位のドメインの DB に書かれている
> - ルートサーバから順に問い合わせると，目的の DB に到達できる
> - ルートサーバのアドレスだけは手動で教える

このように，DNS キャッシュサーバはルートサーバから順に問合せを繰り返すことで，細分化されたゾーンを渡り歩いて目的の資源レコード情報を受け取ります．この過程で，キャッシュサーバは唯一，ルートサーバの IP アドレスのみをあらかじめ知っていればよく，他のゾーンを担当する DNS サーバの IP アドレスはすべて root の DNS サーバから順に NS レコードで通知を受ける仕組みとなっています．

➡ 地理的に離れた場所で同じ IP アドレスを持つ複数台のサーバが稼働している．現在，全世界で 100 台以上のルートサーバがある．

ルートサーバは全世界に 13 個あり[*]，これらの IP アドレスはすべて公開・固定されています．DNS キャッシュサーバを運営する管理者は，この 13 個の IP アドレスを名前解決の最初のヒント情報として必ずサーバに設定しなければなりません．

■ 大規模化への工夫

DNS では，たくさんの DNS サーバにそれぞれ異なるゾーンを担当させ，問合せの分散を図って多量の問合せに対応できるようにしていますが，それでも，ルートサーバはすべてのキャッシュサーバが最初に問合せを行うので，問合せの分散化が図られていません．

そこで DNS では，一度名前解決した結果をその途中結果も含めてキャッシュサーバがすべて覚えておき，後で同じ名前の解決要求が届いた場合にはキャッシュサーバが覚えているデータを回答して問合せの集中を回避します．DNS サーバへのすべての問合せの結果にはキャッシュの保持期限[*]が数値で設定されていて，一度問い合わせた結果はこの期限内はキャッシュサーバが再利用してよいことになっています．保持期限は，頻繁に IP アドレスが変わるような場合は数分から数時間程度，変更の可能性が低い場合は数日〜1 か月程度に設定します．

➡ TTL（Time to Live）と呼ぶ．

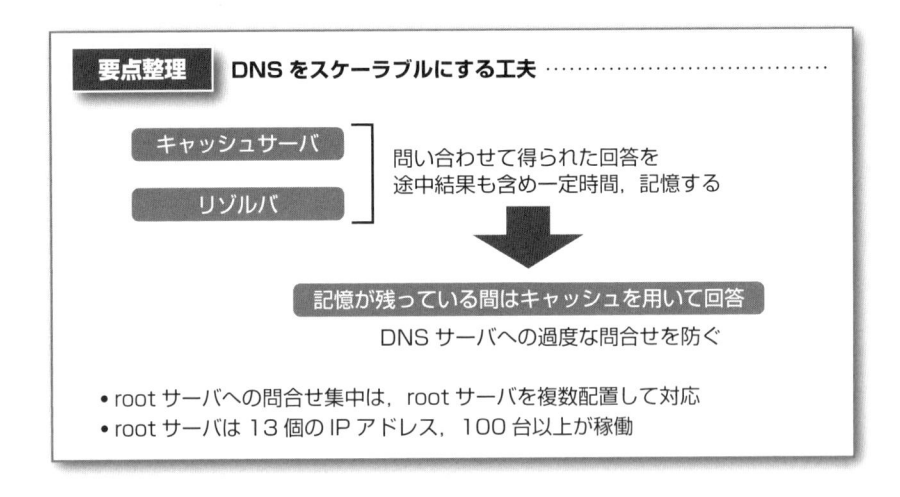

要点整理　DNSをスケーラブルにする工夫

キャッシュサーバ
リゾルバ
問い合わせて得られた回答を途中結果も含め一定時間，記憶する

↓

記憶が残っている間はキャッシュを用いて回答
DNSサーバへの過度な問合せを防ぐ

- rootサーバへの問合せ集中は，rootサーバを複数配置して対応
- rootサーバは13個のIPアドレス，100台以上が稼働

■ DNSサービスの利用

一般のクライアントホストがDNSを利用するには，クライアントホストのOSに対してDNSキャッシュサーバのIPアドレスを指定します．図6.11は一例として，Windows 7 OSにおいてDNSサーバのアドレスを指定する画面を示したものです．DNSはすべてのネットワークサービスで必須の重要なサービスですから，通常，キャッシュサーバは二つ指定します．キャッシュサーバは企業などでは社内に，また家庭で利用するインターネット接続サービスではサービスプロバイダのネットワーク内に設けられています*．IPアドレスを手動で設定する場合は，図6.11のようにDNSサーバのアドレスも手動入力しますが，第4.8節で触れたDHCPサービスを利用してIPアドレスを動的に割り当ててもらう場合は，一般にDNSサーバのアドレスもDHCPで自動取得します．

➡ホストと同一ネットワークにある必要はない．

クライアントホストのOSにはDNSリゾルバと呼ばれるソフトウェアが内蔵されていて，リゾルバが自動的にドメイン名をIPアドレスに変換します．リゾルバはOS内のHOSTS.TXTを参照したり，DNSキャッシュサーバに問合せを行ったりして，要求された名前解決を行います．

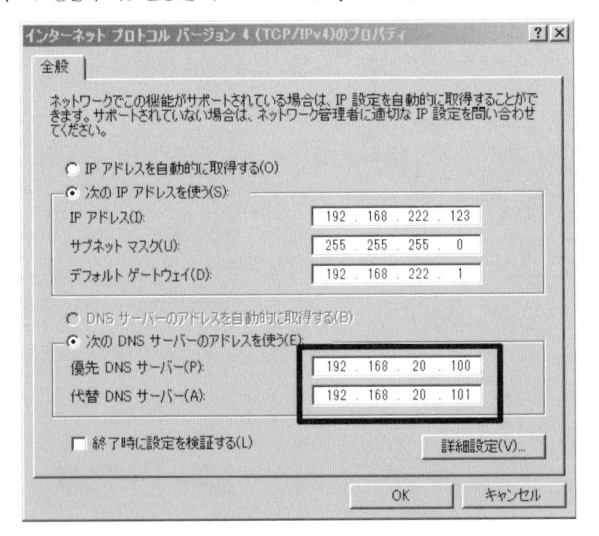

図6.11　Windows 7におけるDNS設定画面

Column　URL

　DNSによるホストの命名方法を拡張して，サーバが持っているデータの所在を表現する方法がURL (Uniform Resource Locator) です．URLでは，データやサービスがあるホストのドメイン名，そこにアクセスするアプリケーション層プロトコル，当該ホストの中のフォルダ位置やその他の情報を統一したフォーマットで表現します．次のような例があり，インターネットで一般的に利用されています．

```
http://www.example.co.jp
http://www.example.co.jp/doc/sample.html
http://www.example.co.jp:8080/sample.html
https://www.example.co.jp
ftp://www.example.co.jp
telnet://server.example.co.jp
mailto:someone@example.co.jp
```

　また，URLをさらに一般化したURI (Uniform Resource Identifier) も次第に使われるようになってきました．

調査課題

1. ピアツーピア型モデルはシステムの大規模化が容易な反面，目的のサービスやデータの所在の特定が難しいと言われています．この点に関連して，Pure P2P, Hybrid P2Pについて調査し，特徴を論じなさい．

2. WWWの普及に重要な役割を担うHTTPには，HTTP/0.9, HTTP/1.0, HTTP/1.1と呼ばれる三つの方式があります（HTTP/0.9は俗称）．これらの相違を調査し，特徴を論じなさい．

3. HTTPでブラウザからサーバにデータを送るPOSTメソッドについて詳しく調べ，動作を説明しなさい．

4. SMTPは元来，日本語や中国語などに代表されるマルチバイト文字の取り扱いを想定した仕様になっていません．日本語を例として，SMTPで和文のメールを送るためにどのような工夫がなされているのかを調査して論じなさい．

5. FTPにはパッシブモード，アクティブモードと呼ばれる二つの転送形式があります．各々の手順を調査し，利点と欠点を論じなさい．

6. DNSの逆引きは何のために必要なのか，また逆引きの手順について調査し，論じなさい．

7 DNSのrootサーバは世界に100台以上ありますが，同じIPアドレスで多数のサーバが配置されていて，IPアドレスの数で見ると13台しかありません．なぜ13台なのか，調査して議論しなさい．

8 DNSにはキャッシュポイズニングと呼ばれる本質的なセキュリティ問題があります．これはどのような問題なのかを調査し，次にこれを解決するためにどのような対策が考えられているのかを調べて議論しなさい．

9 TCP/IPネットワークでホストの内蔵時計の時刻を自動調整するプロトコルにNTP（Network Time Protocol）があります．NTPの概要と工夫点を調査し，報告しなさい．また，NTPにはパケットの暗号化機能が含まれていますが，時刻情報を伝達するためになぜ暗号化が必要なのかについて議論しなさい．

第7章 セッション層・プレゼンテーション層概論

　インターネットで用いられているTCP/IPでは，OSI参照モデルで規定されているセッション層とプレゼンテーション層の機能は存在しません．これらは第6章で紹介した各種アプリケーションの中でアプリケーションの機能として実現したり，業界の暗黙の合意で決められたりしています．ここではインターネットで利用されている各種技術のうち，セッション層やプレゼンテーション層に該当する部分について簡単に触れます．

7.1　セッション層機能の実現

　2.4節で説明した通り，OSI参照モデルでセッション層はひとまとまりの作業の流れ（**ダイアログ**）の管理を行います．このような機能はTCP/IPプロトコルの規定にはありませんが，多くのネットワークアプリケーションがこの機能を必要としていて，アプリケーションそのものやアプリケーション層プロトコルの一部としてこの機能を実装しています．

　OSI参照モデルでは，当事者間の同期確立やセッションの中断処理など，複雑な手順がこの層の機能として挙げられています．しかしTCP/IPでは，主にWebアプリケーションのログイン手続きやページの参照履歴に応じた動的ページ生成などの目的で，セッション層相当の機能が使われています．

7.1.1　ユーザ認証

　ファイル転送やWebアプリケーションでは利用者の認証を行い，各利用者の権限に応じた利用許諾を行います．ユーザ認証は一般的には**ユーザ名**と**パスワード**で行いますが，使用しているホストのIPアドレスやMACアドレス，使用しているホストに置かれた特別な証明書データを用いて認証する場合もあります．

　ファイル転送で用いられるFTPでは，セッションの最初にユーザ認証を行い，認証を通過しなければ一切のコマンドを受け付けない制御が行われています（図7.1）．また，ログインしたユーザごとに参照可能なフォルダの位置を限定できます．Webサービスでは，認証なしで参照できるページと認証後にしか参照できないページを分けるなどの用途に用いられます．

```
[Macintosh:~] yamauchi% ftp ftpserver.example.jp
Connected to ftpserver.example.jp.
220 example FTP Server ready.
Name: yamauchi
331 Password required for yamauchi
Password: ********
230 User yamauchi logged in.
Remote system type is UNIX.
Using binary mode to transfer files.
<ftp>
```

図 7.1　FTP におけるログイン手続き

　HTTP での認証はベーシック認証と呼ばれるきわめて簡単な方式が用いられる場合があります．これは，ユーザが Web ページの特定のディレクトリを参照しようとするとユーザ名とパスワードの入力が促され，正しい情報を入力しないと目的のデータに到達できないという方法です（図7.2）．しかし，Web サイトの制作側に必要とされる知識がわずかで済む反面，ユーザ名とパスワードの組合せをブラウザが記憶して毎回サーバに送ることでログイン状態を把握するため，**ログアウト**や**タイムアウト**などの概念がないことが大きな欠点です[*]．

➡ブラウザの画面を閉じるとログアウトと同様の効果がある．

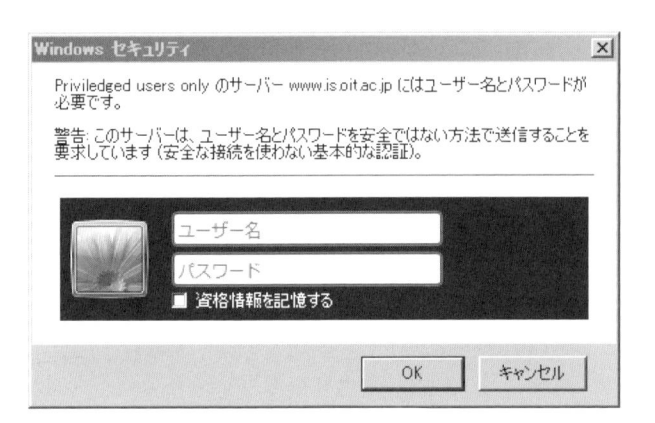

図 7.2　ベーシック認証画面の例

　Web アプリケーションを本格的に作り込む場合は，**ログイン機能**などをアプリケーション内に組み込んで，一定時間だけ有効なページを動的に作ります．これでログイン状態を管理したり，タイムアウト処理ができるようになります．

7.1.2 履歴管理

第6章でも述べましたが，WWWが用いるファイル転送用プロトコルHTTPには**状態**という概念がありません．クライアントが要求したファイルをサーバが送出する操作が基本で，各ページの読み出し要求はそれぞれ独立した操作です．利用者が過去に訪問したページに依存して次のページの内容を変えることは想定されていません．HTTPのこの性質は，状態を記憶する手間を省いてサーバ側の負荷を軽減し，より多くのユーザに同時にサービスを提供するために考えられた工夫です．

しかし，オンラインショッピングや座席予約など，複数のWebページで構成された一連のセッションで，過去に表示・選択した内容に基づいて次のページの内容を構成したい場合があります．Webアプリケーションで本格的にプログラムを組むのであれば，どのような内容表示も可能ですが，このような機能を比較的簡単に実現する方法としてCookie（**クッキー**）が挙げられます．

Cookieは，Webページの閲覧履歴に関する情報をサーバ側で記憶するのではなく，クライアントのWebブラウザに依頼して覚えてもらう簡単な仕組みです（図7.3）．Cookieを使ったWebページを利用者がブラウザで閲覧すると，少量の文字列データをブラウザが覚えてくれるよう，サーバが依頼してきます．Cookieの受け入れを容認しているブラウザは，この少量の文字列データをホストのハードディスク内に書き込んで記憶し，後に同じサーバをユーザが閲覧したときにその文字列をサーバに送り返します．この少量の文字列データとして，例えばオンラインショッピングサイトであればユーザが購入することを決めた商品の商品番号などを埋め込めば，支払い金額の案内などができるという仕組みが実現できます．

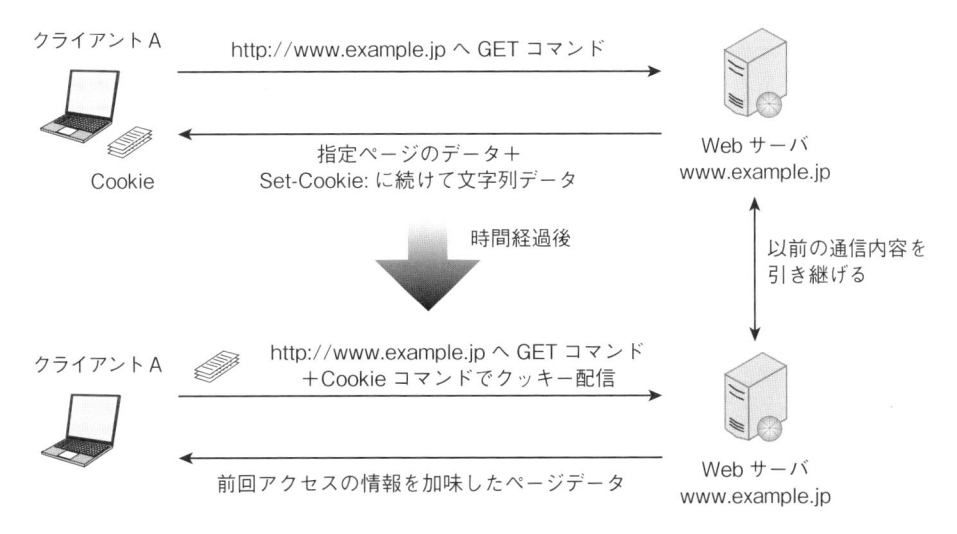

図 7.3 Cookie

→匿名の利用者に対してセッション管理ができる．

Cookie を用いると，サーバ側でクライアントの閲覧履歴を保管したり，利用者の認証手続きを行わずとも※，その利用者がサーバのどのデータを過去に参照したかを確認でき，訪問者ごとに最適化した Web ページを提供できるという利点があります．Cookie はセキュリティ的に必ずしも安全とは言えない方法ですが，セッション層相当の機能を簡単に実現でき，用途を選べば便利に利用できます．

要点整理　セッション層相当機能の例

- ftp や WWW のログイン機能
- WWW の Cookie
- ダウンロードマネージャ
- 本格的な Web アプリケーション

7.1.3　ダウンロードマネージャ

インターネットのブロードバンド化に伴い，CD-ROM や DVD-ROM を1枚丸ごと，あるいは数百 M バイトにも及ぶ巨大なファイルをネットワーク経由で転送する機会があります．このような場面で，セッション層相当の機能として最近よく用いられるアプリケーションが**ダウンロードマネージャ**です．ダウンロードマネージャは，ファイル転送に長い時間を要する際に転送を中断・再開できるようにするもので，TCP や UDP での接続が必ずしも安定ではない場合や，転送途中でコンピュータの電源を切らなければならないケース，時間とともにホストの IP アドレスが変わる可能性があるケースなどにきわめて有効です．図7.4 は，マイクロソフト社のソフトウェア開発者サイトから，OS や開発ツールをダウンロードする際に稼働するダウンロードマネージャの外観です．

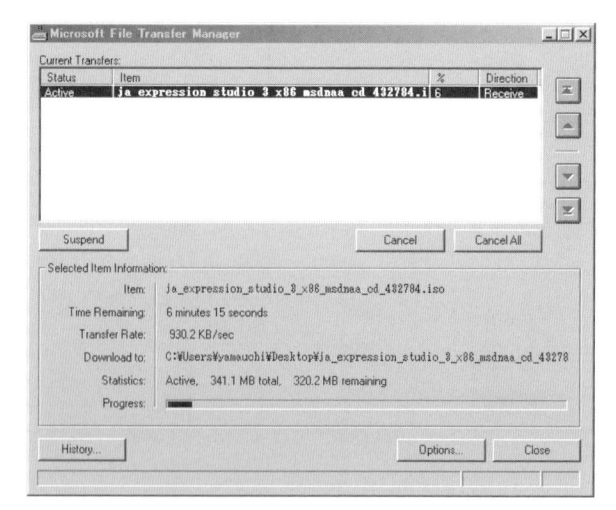

図7.4　ダウンロードマネージャの例

7.2 プレゼンテーション層技術の概要

セッション層以下の機能によって確立された2点間の通信で，転送データの意味を規定する仕様がプレゼンテーション層です．TCP/IPではデータの意味解釈は上位層に任され，プレゼンテーション層プロトコルとして規定する方法はありません．これらはアプリケーション層の機能として規定されたり，暗黙の了解事項として決められたりしています．

7.2.1 ネットワークバイトオーダ

送信者が受信者に対して「18」という数値を送る必要が生じたとします．10進数で表された「18」は，コンピュータが扱う2進数では「10010」です．ネットワーク上では，データは信号のONとOFFで表現して，1ビットずつ順番に送ることが一般的です．そこで「10010」を順に送りますが，これを 1→0→0→1→0 の順に送る方法と，0→1→0→0→1 と送る方法の2種類が考えられます．ですから，送信側と受信側があらかじめ合意しておかないと，情報伝送の意味がまったくなくなってしまう事態が生じます（図7.5）．

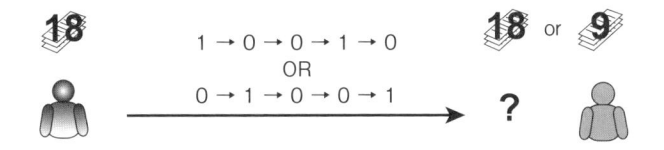

図7.5 TCP/IPのネットワークバイトオーダ

コンピュータのCPUがデータ処理を行う場合，一般的にバイト（8ビット）単位でデータは処理されます．バイト単位でのデータの並びはどのCPUでも同じように処理を行いますが，複数バイトからなるデータの取り扱いはCPUによって異なっています．例えば，16ビットのデータをメモリに順に書き込むとき，上位8ビットのデータを先に書き込むCPUと，下位8ビットを先に書き込むCPUがあります．

ネットワーク上でも，データにバイト単位での桁の重みがある場合，どちらを先に送るのかを決めておかなければなりません．これを**ネットワークバイトオーダ**（Network Byte Order）と呼び，TCP/IPでは重みが大きい方を先に送る約束になっています*．したがって，IPアドレスなどは32ビットの上位の桁から順に送信されます．ただし，TCP/IPでのこの約束はパケットのヘッダ情報に関するもので，パケットのデータ部分についてはそれぞれのアプリケーションが責任を持って決めることになっています．

➡ Big Edian と呼ぶ．

7.2.2 文字コード

欧米の言語は1文字を1バイトで表現できますが，日本語などのマルチバイト文字では文字コードの表現方法がいくつかあり，どれを用いて通信するかが問題になります．

日本語の文字コードは，古くは JIS コード，Shift-JIS コード，EUC など様々な表現方法が乱立していました．また，日本語以外の言語が混在すると文字コードの組合せが膨大になり，文書を統一して処理するには無理があることがすぐにわかるでしょう．そこで近年，たくさんの言語を一括して表現できるようにする方法として**ユニコード**（Unicode）が提唱され，現在ではほとんどの OS がユニコードを内部で使用する文字コードとしています．

ユニコードは文字の集合を定義する考え方ですが，それをさらにデータ列として表現する方法（伝送用に符号化する方式）が何種類か定義されています．なかでも UTF-8，UTF-16 と呼ばれる2方式がよく利用されています．

7.2.3 静止画・動画の伝送形式

ネットワーク経由で交換する情報として，文字に次いで基本的な要素が画像や音の情報です（表 7.1）．画像は大きく分けると静止画と動画に分かれますが，最近ではさらにそれらを立体として表現する方法が考えられるようになってきています*．画像は対象物を**画素**と呼ぶ細かな点の集合として表し，それぞれの色を順に伝えることで伝送します．しかし，そのままでは膨大な量のデータが必要になるので，人間の眼の特徴を考慮して

➡地図データなどではベクトルとして表すこともある．

表 7.1　画像や音の代表的な分類

項目	特徴	符号化方式の例
2値画像	ワープロ文書を FAX 伝送する場合のように，画像が白と黒の2種類の色だけで構成されるもの	Run Length 符号
写真	フルカラーの画素の集合．人間が見ることを前提とするので，画素の色情報のうち人間の眼の感度が低い部分を大幅に間引く．	JPEG
イラスト画像	限られた色数で表現された画像．簡単なアルゴリズムで効率的にデータ量を圧縮して伝送する．	GIF
動画	静止画を連続して送り，動画に見せる．時間的な前後関係を見て変化があった部分だけ送る方法と，単に静止画の集合として送る方法がある．	MPEG, H.264 Motion JPEG
音	マイクロフォンの出力電圧の時間波形を伝える．あらゆる種類の音の伝送に適する．	ADPCM
人声	声帯振動や声道の形状など，人の声の生成メカニズムを模倣した音再現アルゴリズムを用いる．携帯電話の音声符号化で様々なバリエーションがある．	LPC

データを間引きする方法が多数考えられています．音も同様に，マイクロフォンで採取した信号の時間変化を伝えますが，人間の耳の特徴を考慮してデータを大幅に間引いて伝送します．

このようなマルチメディア型データは様々な方法で利用されますが，用途に応じて最適な符号化方法が細かく分かれること，技術革新が著しく変化が激しいことなどが理由となって，事実上の標準と呼べる方法はあまりないのが現状です．

7.2.4 データの意味を伝える言語

ワープロで作成した文書などは，印刷イメージを画像情報として遠隔地に伝送できます．しかし，受信者がその情報を目で見て確認するだけでなく，送られてきた情報を別の用途に利用したい場合が考えられます．このとき，一般的にはワープロで作成したファイルをデータとして伝送しますが，そのデータを解釈できる同じワープロソフトが送信側と受信側になければなりません．同様の問題は様々な場面で考えられ，送信側が作成したデータの意味を解釈しながら別の用途でデータを利用したい場合が多数考えられます．

このようなニーズに対して，データを2進数ディジタルデータの羅列としてだけ表現するのではなく，その意味を併せて伝えるためのデータ表現用言語が定められ，データ交換のための事実上の標準として機能しています．これが XML（eXtensible Markup Language）です．

XML は，6.3 節で紹介した WWW のページ記述言語 HTML と似た構造をもった，文書記述のための言語です（図7.6）．HTML は画面レイアウトや文字の表示形式などをタグにより表現しますが，XML は個々のデータが何を表しているのか，その意味をタグで表現します．文書の目的や用途により，個々のデータが何を表すかは千差万別で，言語として事前に定義することは不可能です．そこで，XML ではタグで表現する意味情報として，任意の名前をつけられるようになっています．

```
<?xml version="1.0" encoding="UTF-8"?>
<大学>
    <学部 所在地="大阪市">
        <工学部>
            <学科>機械工学科</学科>
            <学科>電気工学科</学科>
            <学科>建築工学科</学科>
        </工学部>
        <理学部 学科="理学科" />
    </学部>
    <学部 所在地="堺市">医学部</学部>
</大学>
```

図 7.6　XML 文書の例

ネットワーク通信の世界では，従来，データの送信側と受信側では同じ仕様を解釈できるアプリケーションがやり取りを行うことだけが想定されていて，そのデータを別の目的に利用することは想定されていませんでした．しかし，現代では通信プロトコルの標準化が進み，様々なアプリケーションが登場して，それらを組み合わせて活用するスタイルが一般化しました．すると，やり取りされるデータの内容が何であって，どのような符号化規則で構成されているかが誰にでもわかることが重要となってきました．

XML で表現したデータは，単に 2 進数のディジタルデータを送るという目的から見るとたいへん冗長性が多く，一見して無駄が多い構造に見えますが，伝送されるデータを多用途に活用しようとする場合には必須の表現形式であると言えます．

要点整理　XML

- データの意味と構造を表す情報をデータに付加した表現方法
- 厳密な文法定義
- タグを用いてデータ構造を定義，タグ名は自由に記述可能
- ネットワーク上を流れるデータの表現方法として定着しつつある

調査課題

1 WWW の Cookie について具体的に動作を調べて実現方法を議論しなさい．

2 ユニコードとその符号化方式について調査し，報告しなさい．また，情報伝達のための手段にユニコードを用いることに賛否両論があります．これらの事情について調査し，議論しなさい．

3 JPEG 画像符号化方式について調べ，報告しなさい．

4 XML 文書の規約を調べ，次に名前空間の概念と XPath について説明しなさい．

第8章 ネットワークデザインとセキュリティ

　前章まではインターネットで用いられている TCP/IP を前提として，通信プロトコルが備える特徴と考え方について述べました．一方，TCP/IP によるネットワークを目的通りに活用するためには，通信プロトコルに関する知識だけではなく，ネットワークをどのように組み立てるかの知識も必須です．ここでは，主に企業用のネットワークの構成を題材として，そのデザイン上の基本技術を解説します．

8.1　3階層モデル

　個人が家庭内で用いるネットワークとは異なり，企業ネットワークやインターネットサービスプロバイダ（ISP）が構築するネットワークでは，それぞれの組織の活動目的を達成するために多くの工夫が必要となります．これらの工夫としては，

- ネットワークの耐障害性確保
- サーバやサービスの配置
- 大量のアクセスに耐える性能
- 組織外からのサービス利用方法の実現
- 組織内でのセキュリティ確保

などが最低限の機能として必要になります．個々の技術は後述しますが，これらを実現するネットワーク構成の原則論が **3階層モデル** です（図8.1）．企業の規模や企業活動のネットワークへの依存度によって最適な構成は様々に変わりますが，3階層モデルに従うと，それぞれの機器の性能を発揮しやすくなると言われています．

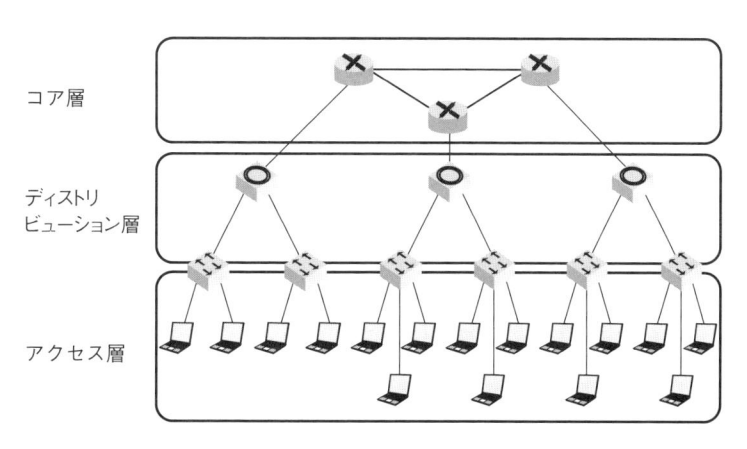

図 8.1　企業ネットワークの3階層モデル

8.1.1 コア層

コア層は，複数の拠点を持つ大規模～中規模程度の企業で拠点間を接続する部分です（図8.2）．図では，東京本社に商品在庫を管理するデータベースサーバや社内の業務推進用のファイルサーバ，メールサーバなどが置かれています．東京本社が地震や火災，停電など何らかの理由により機能しなくなった場合に備えて，これらサーバ群のバックアップが大阪支社にあります．全国の支社は東京本社のデータを使って業務を行うので，東京本社とWAN接続しますが，同時に大阪支社とも接続します．

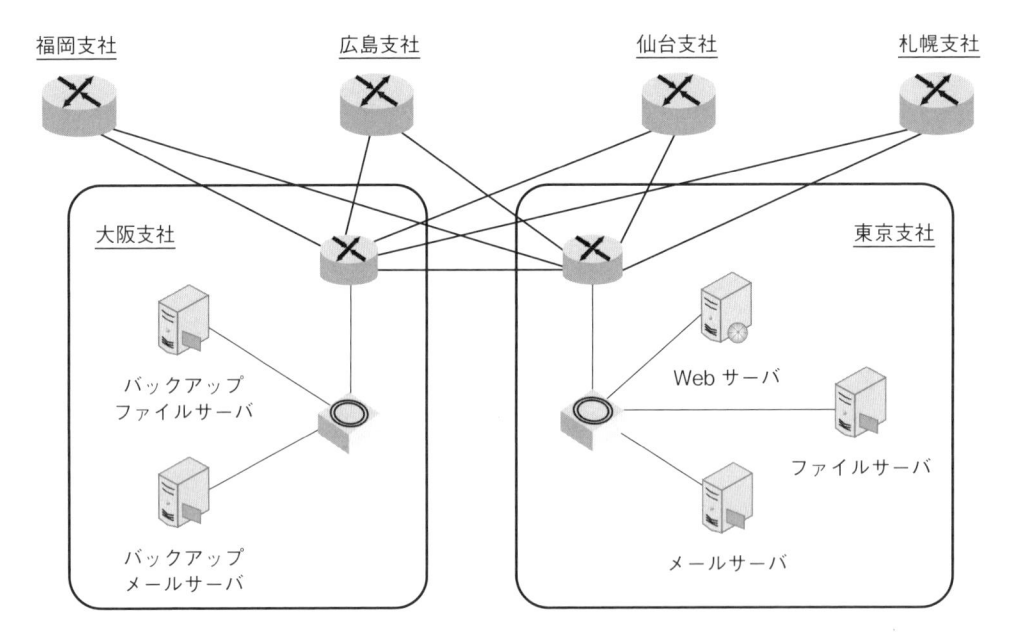

図8.2　コア層

コア層では，拠点間を流れる大量のデータを確実かつ高速に接続する機能が求められます．そのため，コア層に求められる技術的要件としては，高速接続性を阻害するような機能は含めず[※]，できるだけ単純なネットワーク構成にすることが望まれています．また，確実な接続性が必要ですから，冗長な接続経路を実現し，ある拠点がダウンしても他の拠点では業務を継続できるように工夫します．そこで，コア層には中継段数が少ないスター型ネットワークや，冗長性に富むメッシュ型ネットワークが一般に用いられます．

➡例えばパケットの細かなフィルタリングや利用者認証機能など．

8.1.2 ディストリビューション層

ディストリビューション層は，拠点内の隅々までネットワーク接続性を提供するための機能と位置付けられます．複数拠点を持つような企業では

一つの拠点の広さも広く，光ファイバを用いたネットワークが必要となります．しかし，光ファイバは取り回しに配慮を要し，通常のオフィス内のPCをネットワーク接続する際に不便ですから，末端部分は無線LANや柔らかい銅線によるネットワーク接続*を用い，それぞれの接続をスイッチングハブで集約してサーバなどに接続します．この，末端部分を除くサーバアクセスや構内接続部分がディストリビューション層です．

➡ UTPケーブル.

ディストリビューション層では，組織内の各部署に対するアクセス制御機能やサーバ接続を担当します．ネットワーク接続の構成方法としては，図8.3に示すように，WANとの接続口に近い所にサーバ室などを置き，ここから拠点内の建物や各フロアまで光ファイバによりスター型接続する方法が一般的です*．

➡ 中央部の接続点をMDF，フロアごとの接続点をIDFなどと呼ぶ.

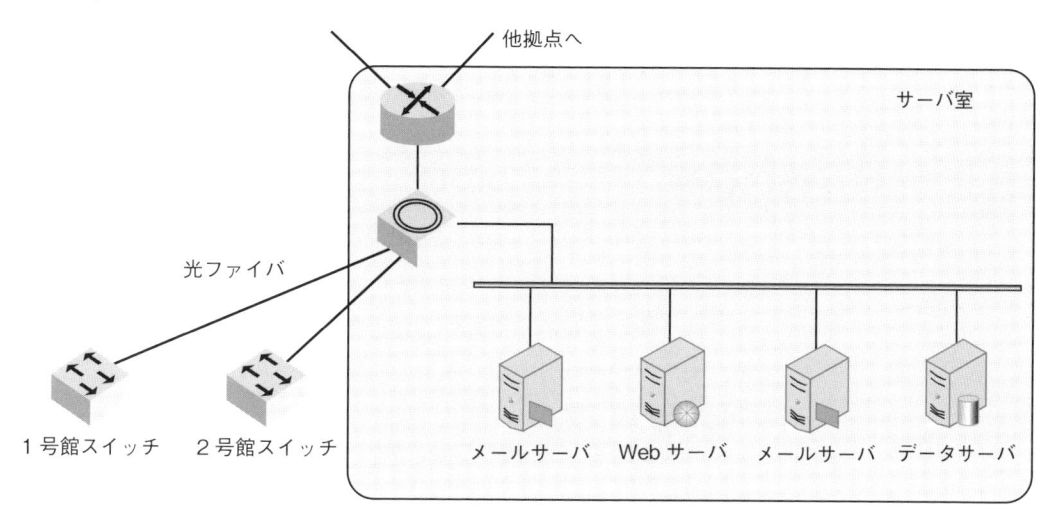

図8.3 ディストリビューション層

8.1.3 アクセス層

アクセス層は，企業の従業員が用いるPCなどを企業ネットワークに直接接続する部分を指します．一般的には，柔らかな銅線を用いてハブ装置に接続するか，または無線LANによる接続を行います．また，従業員が社外から遠隔操作で社内のデータにアクセスできるようにするリモートアクセスの機能も，アクセス層の機能に分類されます．

アクセス層に必要となる重要な機能に，**ユーザ認証**や行動履歴の管理が挙げられます．これは，社内ネットワークを利用しようとしている人が誰であって，その人は何をすることが許されていて，実際に何を行ったかを記録する機能が含まれます．写真8.1は，ユーザ認証機能を備えたハブ装置の例です．

写真 8.1　ユーザ認証機能を備えたハブ装置の例

> **要点整理　3 階層モデル**
> - コア・ディストリビューション・アクセスの各階層に分ける
> - 大規模な企業ネットワークの構成モデル
> - コア層は拠点間接続部分，高速性と耐障害性を重視
> - ディストリビューション層は組織内のサブネット化やアクセス制御
> - アクセス層はユーザ認証やリモートアクセスを担当

8.2　可用性の確保

　ネットワークは規模が大きく複雑になればなるほど，全体が故障せずに機能している可能性は低くなります．そこで，一部分が壊れていても全体としては支障なく目的が達成できるようになっていることがたいへん重要です．ある特定の部分が壊れると組織全体のネットワークが停止するようでは使い物になりません．ネットワーク機能が必要なときに使用可能である状態の程度を表す言葉が**可用性**です．ネットワークの設計を行う際には，できるだけ可用性や耐障害性を高める工夫を凝らす必要があります．

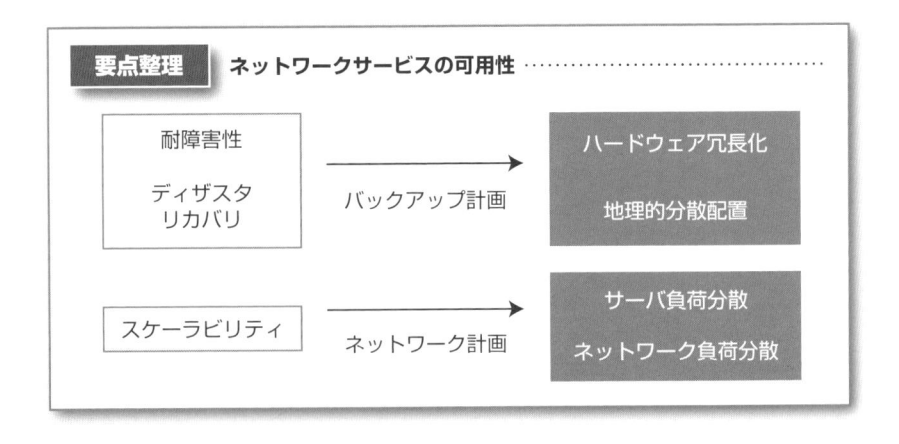

> **要点整理　ネットワークサービスの可用性**
>
> | 耐障害性／ディザスタリカバリ | → バックアップ計画 → | ハードウェア冗長化／地理的分散配置 |
> | --- | --- | --- |
> | スケーラビリティ | → ネットワーク計画 → | サーバ負荷分散／ネットワーク負荷分散 |

8.2.1 ネットワークの冗長化

ネットワークは多数の人が使いますから，利用者の人数に応じて高い可用性が求められます．ネットワークがある日突然利用できなくなる原因としては，管理者のオペレーションミスが原因の場合も当然ありますが，多くの場合はネットワーク機器の故障に原因があります．

機器の故障は確率的に発生するもので，故障しない機器はありません．しかし，故障時にすみやかに代替方式に切り替わるように設定することで，その問題を確実に回避できます．ネットワークの障害は回線障害と機器障害に分類できますが，回線障害は余分な回線をあらかじめ設けておく冗長化で回避できます．IPなどのレイヤ3プロトコルでは経路選択の技術が含まれていますが，そのような概念を持たないレイヤ2プロトコルでも，スパニングツリープロトコル（Spanning Tree Protocol，STP）と呼ばれる技術*などを用いて，同様な冗長化が可能です．

➡調査課題参照．

通信機器の障害に対応する技術も冗長化を用います．写真8.2は大型ルータ装置の例で，ここでは電源モジュールとパケットの中継先を決めるルーティングモジュールが二重化されています．

写真8.2 大型ルータ装置の例

8.2.2 サービスの冗長化

ネットワークの耐障害性だけを向上させても，実際にサービスを行うサーバ装置の耐障害性が低いとサービスの可用性は高くなりません．サーバの耐障害性もサーバの二重化で実現します．

ところが，サーバの二重化は簡単にできる場合とそうでない場合があります．簡単に実現できる場合とは，クライアントからの問合せに対してあらかじめ決まったデータを返送するだけでよく，クライアントから送られてきたデータによってサーバ側のデータを書き換える必要があまりない場合です．これは，第7章で説明したセッションの概念を持たないサービスです．

一方，多くのWebアプリケーションはセッションの概念がありますから，サーバの二重化を行うにはセッション情報もサーバ間で連携しなければなりません．残念ながら，現在のWebアプリケーションサーバの二重化でセッション情報まで連携している例は少なく，セッションの途中でサーバが切り替わる状況では作業のやり直しになる場合がほとんどです．人命に関わるような重要なサービスを提供するサーバでは，クライアントから送られたデータパケットをコピーして複数のサーバに同時に送り，それぞれのサーバが処理した結果を照合してクライアントに返送する手順を取ります．このようにすると，片側のサーバがダウンしてもサービスを問題なく継続できるようになります．

8.2.3 サービスの大規模化

サーバコンピュータはマルチタスク処理によって処理要求を同時に処理できるように設計されています．しかし，複雑なWebアプリケーションではサーバ側のCPU処理量が多く，重いCPU負荷を伴うTCP接続が使われることが多いため，1台のサーバコンピュータが同時に対応できるクライアント数は限られています[*]．

➡ セッション情報を複雑に用いる場合はサーバ1台で100〜数百セッションが限界．

大規模な企業内の業務システムやインターネット上の人気サービスなどは，数万人〜数千万人が同時にサービスを利用することが考えられます．このような場合，サービスを1台のコンピュータでまかなうことは不可能で，同じサービスを提供する多数のコンピュータを用意して並列処理を行います．これがサーバの**負荷分散**技術で，負荷分散装置により実現します（図8.4）．負荷分散は，提供するサービスがセッションの概念を持たない場合は比較的簡単に実現できます．

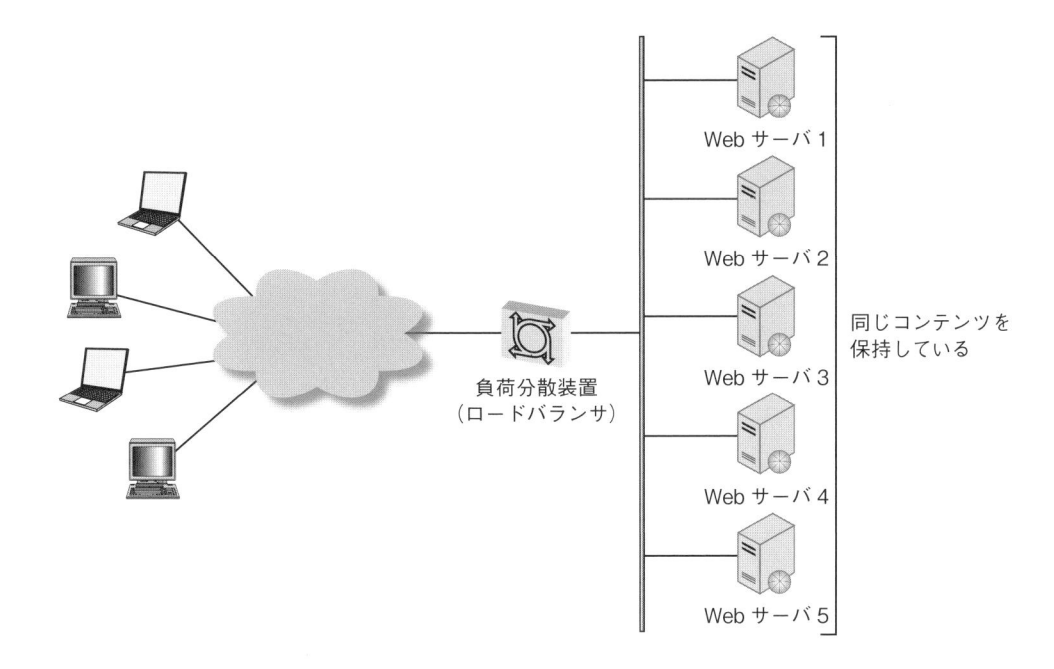

図 8.4　負荷分散装置による大規模化

　セッションの概念がある場合では，クライアントからのパケットは，セッションが継続中ならば常に同じサーバに振り分けなければなりません．このため，負荷分散装置はセッション情報を管理しながらパケットの振り分けを行いますが，その実現には高度な技術が必要となります．もちろん，負荷分散装置自体を負荷分散したり冗長化する必要性もあります．また，サーバが保持するデータを動的に変更しなければならない場合は，その変更結果をすべてのサーバに知らせなければなりません．
　そこで，負荷分散を行う場合，各サーバが提供するデータは個々のサーバに置くのではなく，データベースサーバと呼ばれる専用のサーバが一括して保持します（図 8.5）．各サーバは，クライアントからの問合せを受け取るとデータベースサーバから必要なデータを取り出し，加工してクライアントに返送します．このような構成では，各サーバは相対するクライアントとのセッション情報の管理と Web 画面を構成する HTML データの生成だけを担当します．

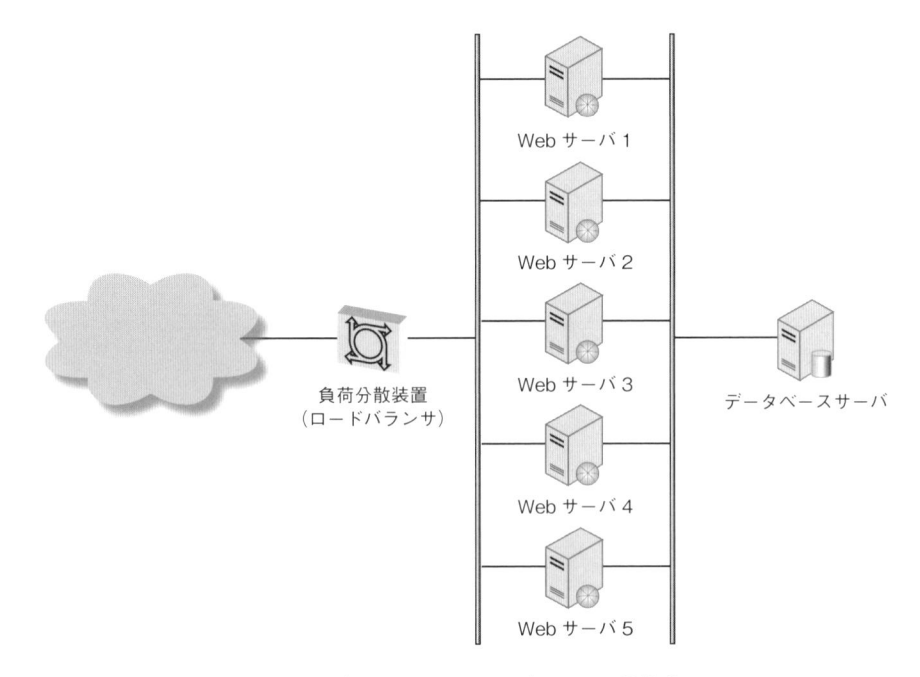

図 8.5　データベースによるデータの一元管理

> **Column　サーバの地理的分散**
>
> 　地球規模の人気ネットワークサービスを提供する場合は，単にサーバの負荷分散だけでなくサーバまでのネットワーク負荷の分散も考慮に入れなければなりません．このようなサービスでは，各国のデータセンタに分散してサーバを置き，利用者から見てネットワーク的に最も近いセンタのサーバに利用者を誘導します．
> 　利用者から見て地理的・ネットワーク的に近いサーバを自動的に選ぶ方法に確立された手段はなく，様々な方法が試行されています．この問題は，インターネットサービスプロバイダ（ISP）相互のネットワーク利用ポリシーとも関連して，技術的に優れた方法が必ずしもよいとは限りません．最近では大量のトラフィックを発生させる人気サービスに対して ISP が特別な課金をすることの是非が議論されています．

8.2.4　バックアップ

　ネットワークサービスの規模が大きくなると，それにつれて大量のデータがデータベースサーバに蓄積されるようになります．個人が用いる PC では PC 内部のハードディスクにデータを蓄えますが，もしハードディスクが壊れたり，あるいは PC が盗難に遭うなどすると，データが失われてしまいます．個人のデータが失われても困るのはその本人だけですが，企業の業務システムが使うデータや大手のインターネットサービス会社が扱うデータが失われると，企業活動そのものが成り立たなくなる場合も考えられます．

そこで，大きなネットワークシステムを構成する場合は，データはすべて**ファイルサーバ**と呼ばれる専用のデータ保存用サーバに保管します．データベースサーバもデータを記憶するサーバですが，この場合もデータ本体はファイルサーバに置き，データベースサーバはデータの入出力要求やキーワード検索の専用言語（SQL言語）の処理を行う装置とします．このようにして，ファイルサーバにデータをすべて集積し，ファイルサーバ内でデータを冗長化して管理し，万一の際に備えて毎日ハードディスクの内容を磁気テープなどに書き出して保存します．

ネットワークシステムが扱うデータ量は，21世紀に入ってから爆発的に増えています．それ以前は，システム利用者が必要とするデータファイルだけを保管しておくことが一般的でした．しかし近年は，システム利用者の利用履歴をすべてデータとして記録して，後でそのデータを元に利用者の行動解析をして新たなサービスの実現に役立てることが一般化し，データ量が爆発的に増えました．

また，膨大なデータを保存するためのハードディスク技術も飛躍的に進歩し，テープ装置などのバックアップ用メディアの技術進歩をはるかに上回る勢いでデータが増加した結果，従来と同様の考え方でのバックアップは難しくなってきました．

そこで現在では，地理的に離れた場所にファイルサーバを複数台置き，それらを高速なネットワーク回線でつないで相互にバックアップする方法が使われ始めています．これは，長距離のデータ伝送用WAN回線が安価になったことと，地震や津波などの大規模災害が発生したときに企業の生命線であるデータを守り，企業が活動を継続できるようにするための**ディザスタリカバリ**と呼ばれる考え方の一環です．

8.3 ネットワークセキュリティ

ネットワーク機能が多くの人に使われ，社会の情報インフラとして定着するにつれ，ネットワークを安心して使えるようにする**安全性**や**ネットワークセキュリティ**の考え方が求められるようになってきました．ここでいう安全性とは，主に悪意を持ってネットワーク上を流れるデータを盗み見たり，データに細工を施す行為から通信機能を守ることを指しています．

ネットワークセキュリティは広範な応用範囲と技術とを包含するテーマですが，ここではその概要を紹介します．

8.3.1 暗号技術概説

ネットワークセキュリティを構成する技術の基本は暗号です．暗号は，伝送しようとするデータ（これをメッセージと呼びます）に何らかの細工

を施し，その細工の解き方を知っている人以外には無意味なデータとなるようにする方法の総称です．

■ **単純な暗号化**

最も単純な暗号化の方法は，送るべきメッセージに乱数データを加えて送る方法です．この乱数データは，メッセージの送信者と受信者の間であらかじめ取り決めをしておきます．メッセージの受信者は受信データと乱数データの差を算出すれば送信者が送ったメッセージを再生できますが，乱数データを知らない第三者は伝送途中のデータを盗み見しても内容がわかりません．実際の通信では，通信の都度，適切な乱数データを用意することが煩雑であるため，送信側と受信側が合意したアルゴリズムと，そのアルゴリズムに適用するパラメータの値を送受信者間で合意して保管します．

この一連の操作において，送信側でメッセージに細工を施す操作を暗号化，受信側で細工を解除する方法を復号と呼びます．

■ **秘密鍵暗号方式（共通鍵暗号方式）**

送信側と受信側が合意して用いるアルゴリズムとしては，メッセージのデータ内容のビット列をバラバラに撹拌する方法がよく用いられます．図8.6は，簡単な方法としてよく用いられるDES（Data Encryption Standard）方式が用いる撹拌方法です．64ビット単位のデータ列（平文）を転字および換字と呼ばれる方法で入れ替え，これを異なるパターンで16回繰り返して撹拌されたデータ列を生成します（図8.6）．元に戻すには同じ手順を16回逆に繰り返します．転字と換字の対応規則は**鍵**と呼ばれ，2^{56}通り（約7.2×10^{16}通り）の組合せがあります．

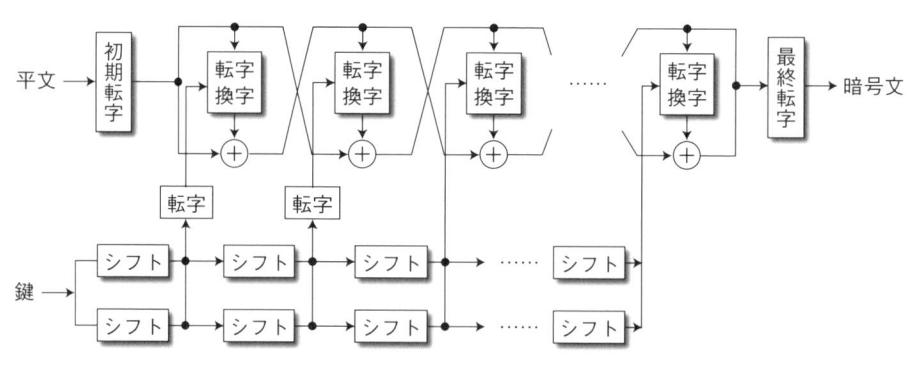

図8.6　DESの暗号化ダイヤグラム

暗号方式の安全度は，鍵の種類を何通り考えられるかによっておおよそ決まります．悪意を持った人が暗号化されたデータを入手した際，何回の試行でデータを復元できるかを鍵のビット数で表します．DESは56ビットの鍵長がありますが，現代のCPU処理速度ではこの長さは安全とは言

えず，DESを3重にかけて鍵長を3倍にしたTriple DESや，まったく異なるアルゴリズムを用いたAES（楕円暗号，256ビット〜）などが用いられます．

DESなどが使う暗号化の方法では，暗号化と復号に同じ鍵データを用います．この場合は，通信の当事者があらかじめ何らかの方法でその鍵情報を互いに知っておき，他の人には秘密にしておかなければなりません．このような方法を**秘密鍵暗号方式**，または**共通鍵暗号方式**と呼びます．

要点整理　暗号化方式

秘密鍵暗号方式（共通鍵暗号方式）
- 暗号化と復号に同じ鍵を使う
- 当事者間で事前に鍵の交換が必要
- CPU負荷が少ない
- 例：DES，3DES，AES

公開鍵暗号方式
- 暗号化と復号は異なる鍵
- 暗号化鍵は公開しておく
- CPU負荷が著しく大きい
- 例：RSA

事前の鍵交換が不要な公開鍵暗号を用いて秘密鍵暗号方式の鍵情報をまず交換し，実際のデータ暗号化は秘密鍵方式を用いる方法が一般的

■ 公開鍵暗号方式

秘密鍵暗号方式は，あらかじめ決まった相手とだけしか通信しない場合には便利な暗号化方式ですが，多数の相手と暗号通信するにはあまり適していません．通信の相手ごとに異なる鍵を用意しなければならない上，不特定多数の相手と通信する場合，通信に先立って鍵情報の交換を行わなければならず，それを第三者の盗聴からどのように守ればよいかという問題に直面するためです．

このような場合に便利な技術が**公開鍵暗号方式**です．この方式では，暗号を作成するための鍵データと，復号を行うための鍵データがまったく別のデータで，かつ片方から他方を容易に作成できません※．

➡現在のCPU能力を用いても数万年以上の時間を要するとされている．

このように鍵情報が暗号化と復号で別々になっていると，不特定多数の相手との暗号通信がとても簡単にできるようになります．図8.7のように，まずメッセージの受信者Aは自分が利用している暗号化鍵をネットワーク上で公開しておきます※．これを**公開鍵**と呼びます．メッセージの送信者Bは，その公開鍵を用いて決められたアルゴリズムでメッセージの暗号化を行い，Aに送りますが，そのメッセージを復号できる鍵はAしか持っていないので，他の人は通信を盗聴できても内容を読み取れません．他の人には知らせない鍵なので，これを**秘密鍵**と呼びます．

➡自身と通信を希望する相手に無条件に配ればよい．

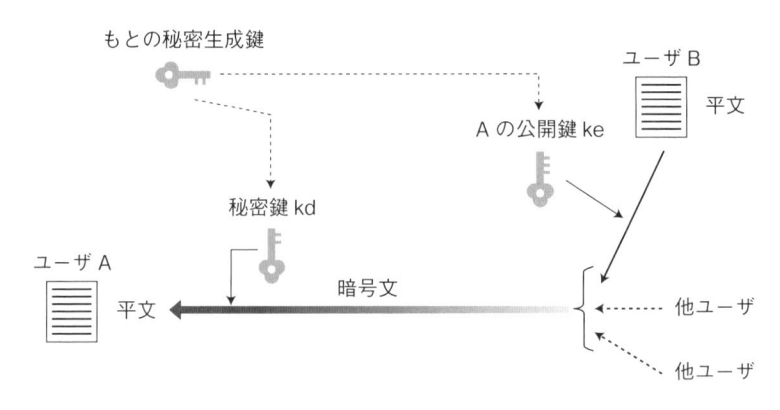

図8.7　公開鍵暗号

➡3人の発明者の名前の頭文字（R. Rivest, A. Shdmir, L. Adleman）が暗号方式の名称になった.

　公開鍵暗号方式の代表例は **RSA 暗号**で*，大きな素数の積を素因数分解する際に膨大な時間がかかる事実を元に作られています．RSA はきわめて優れた考え方で作られた暗号方式で，この技術が無ければ現代のネットワークのセキュリティは実現できなかったと言っても過言ではありません．

■ ハッシュ関数

　暗号の周辺技術として，ハッシュ（hash）関数も重要な役割を果たす技術です（図 8.8）．ハッシュとは，伝えたいメッセージに対してある種の関数演算を施し，その結果として得られる短い固定長データのことを指します*．演算はメッセージのビット列を決められたアルゴリズムに従って攪拌するもので，メッセージからハッシュ値は容易に算出できるが，逆にハッシュ値からメッセージの再構築は不可能で，また，特定のハッシュ値を狙って元のメッセージに改ざんを加えることも困難であるような特徴があります．

➡可変長のメッセージに対して固定長の短いデータを得る.

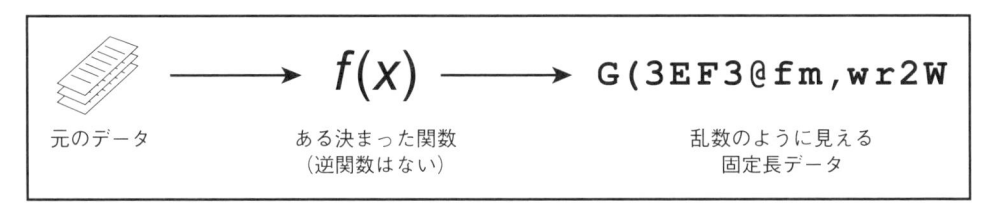

図8.8　ハッシュ関数

　メッセージをネットワーク上で伝達する際に，そのハッシュ値を合わせて伝えると，受信者は受け取ったメッセージが伝送途中に改ざんされたり壊れたりしていないことを確認できます．もちろん，ハッシュ値自体を改ざんされると改ざん検出の意味がなくなるので，改ざん検出の目的にハッシュを用いるときは，後述するディジタル署名をハッシュ値に施して伝送します．

ハッシュを生成する代表的な方式として，MD5 や SHA-1，SHA-2 などがあります．

8.3.2 盗聴防止と認証

通信のプライバシを守ったり，通信内容を盗聴されないようにするには，通信内容を暗号化することが最も重要です．暗号化は，前項で紹介した秘密鍵暗号方式や公開鍵暗号方式で実現できます．両者の違いは，鍵情報を相手に安全に伝える必要があるかないかで区別でき，公開鍵暗号方式の方が鍵の取り扱いが容易であることはすぐにわかるでしょう．その代わりに，公開鍵暗号方式はデータの暗号化や復号に多大な CPU 処理が必要となるため，高速なデータ通信には適さないという欠点があります*．

➡実際の通信では，公開鍵暗号方式を用いてまず秘密鍵暗号の鍵を交換し，当事者の間の暗号通信はもっぱら秘密鍵暗号方式を利用する．

ところが，暗号技術だけでは安全な通信はできません．通信相手が本当に期待した通りの相手であるかどうかが，暗号技術だけではわからないためです．電話やテレビ会議など，人間が相手の顔や声で相手を特定する通信とは異なり，相手がコンピュータであるような通信では，通信相手が本当に期待した通りの相手であるかを確認する方法が別に必要となります．これが**認証**と呼ばれる技術です．

認証は，本人しか知らないはずの情報を相手に開示することで行います．その代表例が，**ユーザ名**と**パスワード**を用いた本人確認方法です．これは多くのネットワークサービスが利用していますが，この方法は状況によってはまったく役に立たないことがあります．

図 8.9(a) は，サーバ B を利用する利用者 A の通信を第三者 C が盗聴している例です．利用者 A がサーバ B を利用するときのユーザ名とパスワードを盗聴で知ってしまうと，C は A になりすましてサーバ B を利用できるようになってしまいます．サーバ B がネットバンキングサービスなどであれば，大変な被害が発生してしまいます．これを防ぐには，A ～ B 間の通信を暗号化しなければなりません．

通信を暗号化しただけではまだ十分ではありません．図 8.9 (b) は，サーバ B と利用者 A の間に第三者 C が割り込んでいる場合です．C は A と B との間に立って，利用者 A に対してはサーバ B になりすまし，サーバ B に対しては利用者 A になりすまします．ネットバンキングなどのサイトでは，公開鍵暗号方式を用いて多数の顧客に暗号通信を提供しますが，公開鍵を使うために C が B になりすまして C の秘密鍵とペアになる公開鍵を A に渡せば，暗号化されていても A のユーザ名とパスワードをまんまと横取りできてしまいます．

(a) 暗号化が必要なケース

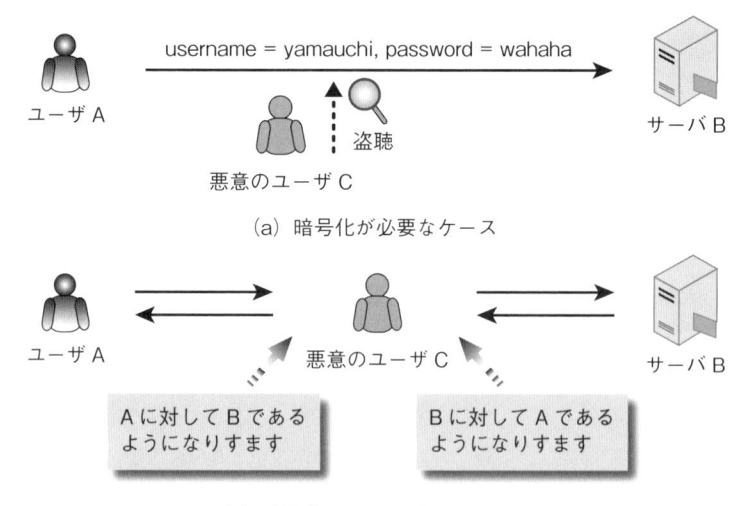

(b) 暗号化だけではダメなケース

図 8.9 通信相手の認証

8.3.3 ディジタル署名とPKI

このように暗号通信を行う場合は，単に第三者が解読不能にするだけでは不十分で，通信しようとしている相手が本当に期待している相手かどうかを確認する手段があわせて必要となります．このような機能は，**ディジタル署名**と呼ばれる技術を応用して実現できます．

ディジタル署名は，公開鍵暗号方式の公開鍵と秘密鍵を逆にして運用します．つまり，暗号化を秘密鍵で行い，それを公開鍵で復号して確認します．復号は公開鍵で誰でも行えますが，暗号化は秘密鍵を持った人しかできないので，暗号化した人が署名をしたことと同じ効果を発揮します．ただし，そのままでは復号に用いる公開鍵が公正なものであるかどうか調べる方法がないので，その公開鍵を**認証局**と呼ばれる与信機関が秘密鍵で暗号化したものを用います．認証局の秘密鍵に対する公開鍵は公開されている（一般にはWebブラウザなどに内蔵されている）ので，利用者が認証局を信用できるなら通信相手の公開鍵も信用できるので，意図した相手の公開鍵を無事に入手できることになります．

このように，ネットワーク通信において意図した通信相手に間違いがないことを確認するには，公開鍵暗号の技術を応用するとともに，信用の連鎖を用いて確認する手段が必要になります．公開鍵暗号技術を応用して社会全体で組織や個人の実在性に関する証明を行う仕組みを**公開鍵暗号基盤**（PKI：Public Key Infrastructure）と呼んでいます．

8.3.4 SSL

　暗号やディジタル署名などの技術を駆使した機能として，現代のコンピュータ通信に欠かせないものに **SSL**（Secure Socket Layer）があげられます．SSL はブラウザを開発している企業が策定した暗号化通信プロトコルで，元来，Web ブラウザと Web サーバとの間の通信を暗号化し，かつ通信相手が意図した相手に間違いないことを確認する方法として作られました．しかし，プロトコル上は Web ブラウザと Web サーバとの間の HTTP 通信に限定されるものではなく，メールやファイル転送など，安全性を要する通信に汎用的に利用できます．また，SSL を元にして少しだけ改良を加えた方式が TLS（Transport Layer Security）として標準化されましたが，SSL の名称の方が広く使われています．

　Web ブラウザが Web サーバと SSL により通信を行う場合は，通信に用いる URL を

https://www.example.co.jp

のように，「http」ではなく「https」と表記します．

　TCP/IP における SSL は，TCP などのトランスポート層とそれを利用するアプリケーション層との間に割り込んで機能する暗号化階層で，トランスポート層の一部に位置付ける場合が多いようです．SSL の下位層は一般的には TCP を用い，上位層（アプリケーション層）からは汎用的なトランスポート層のインタフェースとして見えます．ポート番号には特別な制約はありませんが*，使用するアプリケーション層プロトコルに応じて使い分けをすることが一般的です．

➡HTTPSには443，SMTPsには465，POP3sには993などがよく使われる．

8.3.5 ファイアウォールの設置

　組織や家庭のネットワークを作る際に，従来は組織の中は性善説に基づいてできるだけ制限を取り払ったネットワークを作り，組織の外部との接続点となるルータ上で集中して通過パケットの監視と制御を行う構成が一般的に採用されてきました．図 8.10 は，この考え方に基づく典型的なネットワーク構成で，組織外と内部の接点の部分を**ファイアウォール**（防火壁）と呼びます．図では，組織の中で従業員が用いる PC などを接続するサブネットと，組織外に何らかのネットワークサービスを提供するためのサーバ群を配置したサブネットがあります．

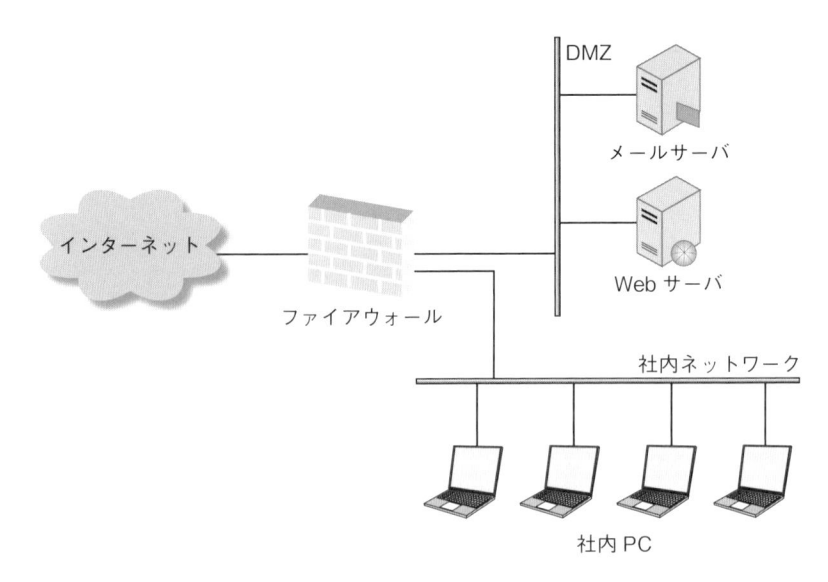

図8.10 ファイアウォールで社内ネットワークを守る

　組織外にサービスを提供するサブネットには，その組織のWebサーバやメールサーバなどを置きます．この部分を一般的に**DMZ**(De-Militarized Zone, 非武装中立地帯)と呼びます．組織の中からだけしか利用しないファイルサーバなどはDMZには置かず，従業員用のPCがあるサブネットに接続します．DMZに置かれたサーバは，組織外からも組織内からもアクセスできるようにルータのパケット監視ルールを定めます．

　一方，組織の内部には従業員が操作する通常のPCが多数接続されますが，これらには組織外からは直接接続できないようにルータを設定します．国内・国外を問わず，インターネット上には世界中のPCに内蔵されているOSや稼働中のネットワークアプリケーションの脆弱性を狙った攻撃パケットがきわめて大量に流されているため，一般の業務用PCにそれらのパケットが届かないように阻止する役目をファイアウォールが担います．DMZにあるサーバ群は対外的にサービスを行うので接続を阻止できませんが，専門家によって注意深くサーバ機能を設定し，余分な機能を極限まで削って，組織外からの攻撃にさらされても問題が起こらないように対策しなければなりません．

　従来は，このように組織のインターネット接続点のファイアウォールによって集中的にセキュリティ監視を行っていましたが，ノートPCの普及に伴ってウィルス感染したPCが組織内に持ち込まれる可能性が増え，インターネットとの出入り口だけを監視してもセキュリティ的にあまり意味がなくなってきました．そこで，組織の中に不審なパケットが流れていないか監視を行う侵入探知装置を設けたり，PCを接続するハブ装置にPCのセキュリティ状態を監視する機能*を設けるなどの対策が大企業では施されています．

➡ Network Admission Control(NAC)またはNetwork Access Protection(NAP)などと呼ぶ．

8.4 リモートアクセス

　光ファイバによる高速ネットワーク環境が企業だけでなく家庭内にも普及し，携帯電話ネットワークや公衆無線 LAN などが一般化して，いつでもどこでも高速にネットワークを利用できる環境が整いました．また，電池で長時間駆動可能なノート型 PC を持ち歩くワークスタイルが普及して，これをネットワークに接続することで 24 時間いつでもネットワークに接続された環境が実現するようになってきました．

　このネットワーク環境を利用する用途として，インターネット上の各種サービスを利用するだけではなく，個人が所属する組織の内部にあるサーバやアプリケーションを自宅や出先で利用する，**リモートアクセス**が注目されています．個人が所属組織との間で通信するには，インターネットを利用することが一般的です．しかし通常，組織のインターネット接続点はファイアウォールで守られていて，組織内のサーバなどに自由に接続はできません．

　そこで，ファイアウォールを安全に越えて，接続する許可を持っている人だけが安全に組織外から組織内のネットワークに接続できるようにする技術が VPN（Virtual Private Network）です．VPN は，このように個人を組織ネットワークにつなぎ入れる用途に用いる場合（リモートアクセスVPN）と，インターネットを介して本社と支社のネットワークを安全に接続する場合（サイト間 VPN）の 2 通りの使用方法があります．

　遠隔地の利用者が組織のネットワークを利用する際に最も安全な方法は，接続する 2 点間に専用のネットワーク回線（Private Network）を設けて，他のネットワークユーザの通信と切り離すことです．これは，例えば銀行の ATM 装置の接続などに利用されています．しかし，専用回線は費用がかさむため，これを安価なインターネット回線で代用し，ただし安全性だけは専用線と同等の水準を達成しようとする仮想的な専用線が VPN です．

　VPN は，

- **トンネリング**
- **暗号化通信技術**
- **通信相手の認証**
- **データの耐改ざん性の保証**

など，様々な技術を組み合わせて実現されています．暗号化や認証，耐改ざん性についてはすでに基本技術を紹介しましたが，VPN ではさらにトンネリングと呼ばれる技術が必要となります．

　トンネリングは 2 地点間を仮想的に結び，あたかも片側が他方のネット

ワークの一部であるかのように見せる技術です．これによって，例えば企業の社員が自宅から会社のネットワークに接続した際に，自宅の PC が会社のネットワークの中にあるかのように見えて，自宅から社内のサーバなどが無制限で利用できるようになります．

VPN のプロトコルには様々な方法がありますが，近年の主流の方法には IPSecVPN と SSL-VPN があげられます．

IPSecVPN はネットワーク層の技術として VPN を実現するもので，VPN を実現する各種要素技術（例えば認証の方法，暗号化の方法など）を選択して決められるような柔軟性を持っています．暗号化の方法などはある方式を決めてしまうと，時代が変わるに連れて CPU 処理速度が劇的に向上したり暗号解読アルゴリズムが開発され，いずれは暗号技術として役に立たなくと予想されます．そこで IPSec では，時代が変わっても同じ枠組みで VPN が利用できるように，パケットの枠組みだけを定義するように工夫されています．

IPSecVPN を利用するには，一般的には組織内に VPN 接続を受け入れる接続装置を置き，クライアント側には専用のソフトウェアを事前にインストールして接続を行います．しかし，IPSec では一つのセッションが複数のデータストリームで構成されていて，家庭用の NAPT 装置などではこれを解釈できない場合がまれにあります．このような場合は，利用者が手動で IPSec パケットを通過させるように NAPT 装置を設定する必要があり，初心者にはやや敷居が高いという欠点があります．

一方，SSL-VPN は，暗号化 Web アクセスで用いる SSL 通信路（TCP 接続）の上で VPN を実現する方式です．IPSecVPN では，それに対応していない NAPT 装置やファイアウォール装置を通過させるためには専門知識が必要ですが，SSL-VPN は一般的には暗号化 Web アクセス機能（HTTPs）が使えるところではどこでも利用できるので，利用が一般化してきました．

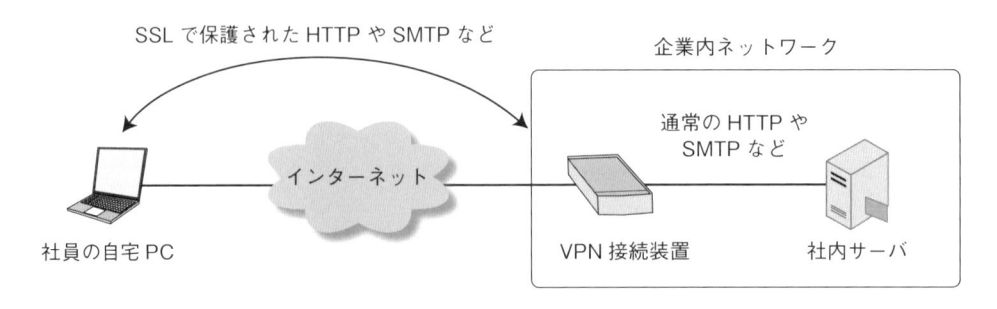

図 8.11　SSL-VPN によるリモートアクセス

SSL-VPN では，図 8.11 に示すように SSL で保護された TCP プロトコルから VPN 接続装置が SSL だけを取り除き，社内サーバと接続します．遠隔地から VPN 接続装置を利用するユーザは，Web ブラウザから VPN 接続装置に HTTPs 接続するだけで社内の各種 Web サーバが利用でき，ユーザの PC には事前に特別なソフトウェアをインストールしておく必要がありません．また，アプリケーション層プロトコルの変換機能を備えた VPN 接続装置もあり，社内のファイルサーバに Web ブラウザ経由で簡単に接続できるよう工夫されています．さらに，ユーザ PC が VPN 接続装置に HTTPs で接続すると，最初に暗号通信用モジュールがダウンロードされ，以後はそれを使って社内の任意のサーバに任意のプロトコルでアクセスできるようにした製品も一般化しています．この場合でもインターネット上では HTTPs が用いる TCP ポートを利用するため，経路途中の通信装置に特別な設定が必要ありません．

　このような VPN 接続装置は，民間企業の社員が社外から企業内ネットワークを利用したり，大学生が大学内に置かれた資料にアクセスするなどの用途に不可欠なサービスになっています．

調査課題

1. VPN を構成する技術で使われるトンネリング方式について調査しなさい．とりわけ，最も単純な IP-IP トンネリングと呼ばれる方式について調べ，報告しなさい．

2. ネットワーク層プロトコルには経路選択の機能があり，冗長化されたネットワークでの経路切り替え技術が含まれています．同様にデータリンク層でもスパニングツリープロトコル（Spanning Tree Protocol，STP）を用いると，イーサネット環境で冗長ネットワークが構成できます．STP の概要について調査し，報告しなさい．

3. 複数のサーバを設けて負荷分散を図る方法の一つに，「DNS ラウンドロビン」と呼ばれる方法があります．この技術を調査して，その利点と欠点について議論しなさい．

4. 負荷分散の方法として，同じサービスを提供するサーバをネットワーク的に離れた場所に設置し，利用者から見て最も近いサーバに利用者を誘導する方法に「BGP エニーキャスト」と呼ばれる方法があります．この技術を調査して，その実現方法を報告しなさい．

5 Network Admission Control や Network Access Protection と呼ばれる技術でどのようなことができるのか，現状を調べてその効果や問題点について議論しなさい．

6 組織内のネットワークにおいて不正アクセスの兆候を観測して警告を出す「侵入探知技術」の現状を調査して報告しなさい．

7 ファイアウォールを構成する方法の中に「Stateful Inspection Firewall」と呼ばれる技術があります．これは何を行うものなのかを調査して報告しなさい．

8 無線 LAN は電波を利用してネットワーク接続するので，通信を誰でも盗聴でき，そのため暗号化を施すことが必須となっています．無線 LAN で用いられる暗号化技術のうち，WEP（Wired Equivalent Privacy）と呼ばれる方法が，近年まったく無意味な技術になってしまいました．この技術とその経緯を調査し，無線 LAN の暗号化方式がどうあるべきかについて議論しなさい．

索　引

●ア行

アクセス制御·················91
アクセスポイント·············32
宛先ラベル····················4
アドホックモード·············32
アドレス解決·················59
アドレス解決プロトコル·······59
アドレス利用率···············66
アプリケーション層プロトコル·95
アプリケーションソフトウェア·8, 14
誤り·························42
誤りの回復···················17
暗号························127
イーサネット·················30
意思決定·····················8
依存関係···················9, 97
一貫性·······················91
意味解釈····················115
インターネット················2
インターネットプロトコル·····57
インフラストラクチャモード···32
ウィンドウサイズ··········78, 81
ウィンドウ制御···············81
エニーキャスト···············76
エフェメラルポート···········80
遠隔操作·····················1
欧州郵便電気通信主管庁会議···11
音·························116

●カ行

回線交換·····················3
階層························14
開放型システム間相互接続····13
鍵·························128
隠れ端末····················34
画像·······················116
カプセル化··················15
カプセル化解除··············16
可変長サブネットマスク·······74
可用性·····················122
管理者権限··················79
逆引き·····················105
キャリア····················29
キャリアセンス··············29
共通鍵暗号方式·············128
クッキー···················113

クライアント················80
クライアントサーバ···········91
クラス······················65
グローバルアドレス···········88
経路情報の集約···············68
経路選択····················51
権限委譲···················104
検査記号····················42
広域ネットワーク·············18
公開鍵·····················129
公開鍵暗号基盤·············132
公開鍵暗号方式·············129
公衆無線LAN················47
高信頼化····················77
高信頼伝送··················19
公知のポート番号············79
公道························2
公平性······················27
国際電気通信連合············11
国際標準化機構··········11, 13
コスト······················5
小包························4
誤訂正······················46
コネクション··············22, 83
コネクション指向······22, 42, 57, 77

●サ行

サイダー····················66
最低保証値··················47
最適経路····················18
サイト間VPN···············135
再利用······················9
サーバ·····················80
サービス·················78, 91
サフィックス················61
サブネット化················72
識別番号·················3, 15
資源レコード···············105
自然法則····················8
実装·····················8, 9
始点························78
自動再送要求················39
自動訂正····················45
終点························78
受信確認番号················81
順序番号··············38, 78, 81

使用権の調停	17, 25	電子メール	1
状態	23, 113	伝送媒体	26
状態遷移図	85	伝搬遅延	31, 36
衝突	28	電話機	2
衝突検出	32	動画	116
情報記号	42	同期確立	111
自律システム	56	トークンパッシング	29
侵入探知装置	134	特権ポート	79
スター型	26	ドット付き10進数	60
ステータスコード	96	ドメイン名	103
ストリーム	78	トラフィック	35
スループット	35	トランスポート層	19, 77
スロースタートアルゴリズム	83	トレーラ	38
制御情報	3, 15	トンネリング	135
脆弱性	134		
正引き	105	●ナ行	
セキュリティ確保	119	名前解決	105
セキュリティ機能	72	名前空間	104
セグメント	78	名前の衝突	102
セッション	111, 124	認証	131
セッション層	20	認証局	132
接続装置	26	ネットマスク	60
全二重通信	26	ネットワークアドレス	63
専用線	6, 47	ネットワークアドレス変換	70
送信権	29	ネットワーク層	18
ソースコード	9, 12	ネットワークトポロジ	25
ソフトウェア	8	ネットワークバイトオーダ	115
ゾーン	105	ネットワーク番号	59, 63
		ネットワーク部	59
●タ行		ネットワーク利用ポリシー	72
ダイアログ	20, 111		
第三者中継	100	●ハ行	
耐障害性	119	バグ	9
タイミング	25	パケット交換	3, 25
ダウンロードマネージャ	114	パケットロス	35
チェックサム	43	バス型	26, 28
遅延	87	パスワード	47
中継	18, 49	バーチャルサーキット	58
抽象的	14	バッファメモリ	41, 82
中断処理	111	ハミング符号	45
通信事業者	2	パリティチェック	43
通信速度保証	47	半二重通信	26
ディザスタリカバリ	127	ピアツーピア	92
ディジタル署名	132	非コネクション型	23, 57
デジュールスタンダード	11	非武装中立地帯	134
データベースサーバ	125	秘密鍵	129
データリンク層	17, 25	秘密鍵暗号方式	128
デバッグ	9	標準化	11
デファクトスタンダード	12	ファイアウォール	133
デフォルトゲートウェイ	62	ファイルサーバ	127
デフォルトルート	62	負荷分散	92, 124
テレビ会議	1	幅輳	82

物理層································16
物理的································14
物理伝送速度··························35
プライベートアドレス··················71
ブラウザ······························95
ブリッジ······························52
プリフィックス························61
プレゼンテーション層··················20
フレーム······························17
フレーム誤り··························44
フレーム形式··························38
フレームリレー························47
プロセス······························78
ブロードキャスト··············75, 76
ブロードキャストアドレス··············63
プロトコル······························7
プロトコル設計························24
プロトコルの標準化····················11
分散データベース····················105
米国電気電子学会······················11
ページ遷移····························20
ベーシック認証······················112
ベストエフォート······················5
ヘッダ··························15, 38
ヘッダ部······························98
ホスト································49
ホストネーム························102
ホスト部······························59
ポート番号······················19, 78
ポリシー······························56
本文··································98

●マ行
マルチキャスト················65, 76
マルチタスク··························19
マルチバイト文字····················116
マルチベンダ····························7
見逃し確率····························44
無線LAN··················12, 27, 32
メッシュ型····························27
メディアアクセス制御副層··············17
文字コード··························116
モジュール·······························9

●ヤ行
優先度································27
ユーザ認証····················111, 121
ユーザ名······························47
ユニキャスト··························76
ユニコード··························116

●ラ行
リゾルバ····························106
リピータ······························52
リモートアクセス············121, 135
リモートアクセスVPN················135
利用記録······························72
利用制限······························72
履歴管理······························91
リング型······························27
ルータ································51
ルーティング··························51
ルーティングテーブル··················52
ルーティングプロトコル················54
ルートサーバ························106
ルートドメイン······················104
例外処理·······························9
レイヤ································14
レジスタードポート····················79
論理リンク制御副層····················17

●英数字
ACK····································39
AES··································129
aggregation··························68
ARP····································59
ARQ······························39, 77
ATM····································47
Aレコード··························105

Big Edian··························115

CEPT··································11
CIDR··································66
CIR····································47
collisoin······························28
Cookie······························113
CPU能力······························24
CRC····································44
CSMA······························29, 32
CSMA/CA······························33
CSMA/CD······························30

DES··································128
DHCP··································74
Distance Vector······················76
DMZ··································134
DNS··························22, 104
DNSキャッシュサーバ················106

EGP····································56
Envelope From························98
Envelope To··························98

FCS	38	OSI ワイングラス	22
FTP	100	Out of Band 制御	100
full duplex	26		
		P2P	92
GET コマンド	96	PKI	132
Go Back N	40	POP	99
		POST コマンド	96
half duplex	26	PPP	47
HDLC	38	PPPoE	47
HTML	21, 94		
HTTP	22, 95	RSA 暗号	130
ICANN	104	SHA-1	131
ICMP	76	Slective Repeat	41
IEEE 802.11g	17	SMTP	22, 97
IEEEE	11	SNS	1
IEEEE 1394	17	SSL	133
IETF	12	Stop & Wait	40
IGP	56		
Internet Protocol	19	TCP	19, 77
IP	19	TCP/IP	12
IPSecVPN	136	TLD	104
IPv4	58	TLS	133
IPv6	58	Triple DES	129
IP アドレス	58		
ISO	11, 13	UDP	87
ITU	11	URL	109
		UTF-16	116
LAN	2	UTF-8	116
Link State	76		
LLC 層	16	V.90	17
longest match	76	VLSM	74
		VPN	135
MAC アドレス	39, 59		
MAC 層	16, 25	WAN	2
MD5	131	Web アプリケーション	95
		World Wide Web	94
NAK	39	WWW	94
NAPT	71, 88		
NAT	70	XML	21, 117
netstat	86		
Next Hop	53	2 値画像	116
NS レコード	105	3 way Handshake	83
OSI	13		
OSI 参照モデル	13		

【著者紹介】

山内雪路（やまうち・ゆきじ）
- 学　歴　大阪大学工学部通信工学科卒業（1981）
　　　　　同大学院工学研究科通信工学専攻修了（1986）
- 職　歴　（株）日立製作所中央研究所
　　　　　大阪工業大学情報科学部情報ネットワーク学科教授
- 著　書　『スペクトラム拡散通信 第2版』東京電機大学出版局（2001）
　　　　　『ディジタル移動通信方式 第2版』東京電機大学出版局（2000）
　　　　　『モバイルコンピュータのデータ通信』東京電機大学出版局（1998）ほか

よくわかる　情報通信ネットワーク

2010年 9 月10日　第 1 版 1 刷発行　　　　　ISBN 978-4-501-54840-7 C3004
2018年 7 月20日　第 1 版 4 刷発行

著　者　山内雪路
　　　　©Yamauchi Yukiji 2010

発行所　学校法人 東京電機大学　　〒120-8551　東京都足立区千住旭町 5 番
　　　　東京電機大学出版局　　　　〒101-0047　東京都千代田区内神田 1-14-8
　　　　　　　　　　　　　　　　　Tel. 03-5280-3433（営業）03-5280-3422（編集）
　　　　　　　　　　　　　　　　　Fax. 03-5280-3563　振替口座 00160-5-71715
　　　　　　　　　　　　　　　　　https://www.tdupress.jp/

JCOPY ＜（社）出版者著作権管理機構 委託出版物＞
本書の全部または一部を無断で複写複製（コピーおよび電子化を含む）することは，著作権法上での例外を除いて禁じられています．本書からの複製を希望される場合は，そのつど事前に，（社）出版者著作権管理機構の許諾を得てください．また，本書を代行業者等の第三者に依頼してスキャンやデジタル化をすることはたとえ個人や家庭内での利用であっても，いっさい認められておりません．
［連絡先］Tel. 03-3513-6969，Fax. 03-3513-6979，E-mail: info@jcopy.or.jp

印刷：（株）ルナテック　　製本：渡辺製本（株）　　装丁：大貫伸樹
落丁・乱丁本はお取り替えいたします．　　　　　　　　　　　　Printed in Japan

無線技術士試験受験対策書

第一級陸上特殊無線技士試験　集中ゼミ　第2版

吉川忠久 著

A5判　336頁

陸上特殊無線技士試験は，陸上移動通信，衛星通信などの無線設備の操作または操作の監督を行う無線従事者として，それらの無線設備の点検・保守を行う点検員として従事するときに必要な資格である。

合格精選370題　試験問題集
第一級陸上特殊無線技士

吉川忠久 著

B6判　254頁

これまでに実施された一陸特試験の既出問題から頻出問題・重要問題を精選・収録した問題集。コンパクトなサイズに必要な練習問題を網羅して収録した，携帯性に優れた試験対策書である。

一陸特受験教室
無線工学

吉川忠久 著

A5判　264頁

第一級陸上特殊無線技士試験対策テキスト。出題範囲の事項をわかりやすく解説し，本文の内容とリンクさせる形式で練習問題を豊富に収録した。

一陸特受験教室
電波法規

吉川忠久 著

A5判　128頁

出題範囲の事項をわかりやすく解説した本文と，出題頻度の高い問題をセレクトした練習問題を収録。効率的な学習ができるようにまとめられた。

合格精選320題　試験問題集
第一級陸上無線技術士　第2集

吉川忠久 著

B6判　336頁

新しい出題傾向に対応した既出問題を中心に，豊富な練習問題量を提供することを意図した試験対策問題集。既刊の一陸技問題集とあわせて問題練習を行えば，より合格を確実にすることができる。

合格精選320題　試験問題集
第二級陸上無線技術士　第2集

吉川忠久 著

B6判　312頁

新しい出題傾向に対応した既出問題を中心に，豊富な練習問題量を提供することを意図した試験対策問題集。既刊の二陸技問題集とあわせて問題練習を行えば，より合格を確実にすることができる。

1・2陸技受験教室1
無線工学の基礎　第2版

安達宏司 著

A5判　270頁

これまでに学んだ知識を確認する基礎学習と基本問題練習で構成した，無線従事者試験受験教室シリーズの第1巻。無線工学の基礎となる電気物理・電気回路・電気磁気測定をわかりやすく解説。

1・2陸技受験教室2
無線工学A　第2版

横山重明/吉川忠久 共著

A5判　282頁

従来の出題範囲にさらにデジタル放送などを加え，技術解説と基本問題の解答解説を収録。これまでの試験を分析した結果に基づき，出題範囲・レベル・傾向にあわせた内容となっている。

1・2陸技受験教室3
無線工学B　第2版

吉川忠久 著

A5判　264頁

空中線系等とその測定機器の理論，構造及び機能，保守及び運用の解説と基本問題の解答解説。参考書としての総まとめ，問題集としての既出問題の研究とを兼ねているので，効率的に学習することができる。

1・2陸技受験教室4
電波法規　第2版

吉川忠久 著

A5判　194頁

電波法および関係法規，国際電気通信条約について，出題頻度の高いポイントの詳細な解説と，豊富な練習問題を収録。さらに出題範囲における法改正に対応して第2版とした。

＊定価，図書目録のお問い合わせ・ご要望は出版局までお願い致します。